国家海洋创新评估系列报告

Guojia Haiyang Chuangxin Pinggu Xilie Baogao

国家海洋创新指数试评估报告

2014

国家海洋局第一海洋研究所　编

海洋出版社

2015年·北京

图书在版编目(CIP)数据

国家海洋创新指数试评估报告. 2014 / 国家海洋局
第一海洋研究所编. —北京：海洋出版社, 2015.12
　ISBN 978-7-5027-9260-2

　Ⅰ. ①国… Ⅱ. ①国… Ⅲ. ①海洋经济－技术革新－
研究报告－中国－2014 Ⅳ. ①P74

　中国版本图书馆CIP数据核字(2015)第239211号

责任编辑：苏　勤　杨传霞
责任印制：赵麟苏

海洋出版社 出版发行
http://www.oceanpress.com.cn
北京市海淀区大慧寺路 8 号　　邮编：100081
北京朝阳印刷厂有限责任公司印刷　　新华书店北京发行所经销
2015年12月第1版　　2015年12月第1次印刷
开本：889mm × 1194mm　　1 / 16　　印张：7.75
字数：150千字　　定价：79.00元

发行部：62132549　　邮购部：68038093　　总编室：62114335
海洋版图书印、装错误可随时退换

国家海洋创新指数试评估报告
2014

编辑委员会

序

创新是引领发展的第一动力。十八届五中全会报告指出，"必须把创新摆在国家发展全局的核心位置，不断推进理论创新、制度创新、科技创新、文化创新等各方面创新，让创新贯穿党和国家一切工作，让创新在全社会蔚然成风"。《推动共建丝绸之路经济带和21世纪海上丝绸之路的愿景与行动》中提出了"创新开放型经济体制机制，加大科技创新力度，形成参与和引领国际合作竞争新优势，成为'一带一路'特别是21世纪海上丝绸之路建设的排头兵和主力军"的发展思路。

海洋创新是国家创新的重要组成部分，也是实现海洋强国战略的动力源泉。《国家"十二五"海洋科学和技术发展规划纲要》明确提出"十二五"期间海洋科技发展的总体目标包括"自主创新能力明显增强"，"沿海区域科技创新能力显著提升，海洋科技创新体系更加完善，海洋科技对海洋经济的贡献率达到60%以上，基本形成海洋科技创新驱动海洋经济和海洋事业可持续发展的能力"。《海洋科技创新总体规划》战略研究首次工作会上提出"要围绕'总体'和'创新'做好海洋战略研究"，"要认清创新路径和方式，评估好'家底'"。

为响应国家海洋创新战略，服务国家创新体系建设，国家海洋局第一海洋研究所自2006年起着手开展海洋创新指标的测算工作，并于2013年启动国家海洋创新指数的研究工作。在国家海洋局领导和专家学者的帮助支持下，国家海洋创新指数评估系列报告第一期（《国家海洋创新指数试评估报告2013》）于2014年8月成稿并报送国家海洋局主管部门，经过多次专家评审于2015年正式出版。《国家海洋创新指数试评估报告2014》是该系列报告的第二期。

《国家海洋创新指数试评估报告2014》在参考国内外科技统计指标研究的基础上，沿用《国家海洋创新指数试评估报告2013》中关于国家海洋创新指数的评价方法，基于海洋经济统计、科技统计和科技成果登记等数据，从海洋创新环境、海洋创新投入、海洋创新产出、海洋创新绩效四个方面构建了国家海洋创新指数的指标体系，测算评估2001—2013年我国国家海洋创新指数，客观分析我国国家海洋创新能力和区域海洋创新能力，切实反映我国海洋创新的质量和效率。

　　《国家海洋创新指数试评估报告2014》受国家海洋局科学技术司委托，由国家海洋局第一海洋研究所海洋政策研究中心具体组织编写，中国科学院兰州文献情报中心参与编写了涉海论文、专利和国际海洋创新发展态势等部分，科技部创新发展司、教育部科学技术司、国家海洋信息中心、华中科技大学管理学院等单位和部门提供了数据支持。在此对国家海洋局科学技术司，以及参与编写和提供数据的单位及个人，一并表示感谢。

　　希望国家海洋创新评估系列报告能够成为全社会认识和了解我国海洋创新发展的窗口，见证我国创新型海洋强国建设这一伟大历史进程。本报告是国家海洋创新指数评估研究的阶段性尝试，不足之处在所难免，敬请各位同仁批评指正，编写组会汲取各方面专家学者的宝贵意见，不断完善国家海洋创新指数评估系列报告。相关意见请反馈至mpc@fio.org.cn。

国家海洋局第一海洋研究所

2015年9月

目　录

一、前　言

实现"海洋强国"目标是中华民族伟大复兴"中国梦"的重要组成部分，2003年，《全国海洋经济发展规划纲要》提出要"逐步把我国建设成为海洋强国"；2012年，十八大将"海洋强国"的战略目标正式纳入国家大战略中。随着海洋强国进程的推进，海洋创新的重要性日益凸显，"十三五"是海洋科技实现战略性突破的关键时期，海洋经济的发展对海洋创新的需求将越来越强。

《国家海洋创新指数试评估报告2014》客观分析了我国海洋创新的发展现状，定量评估了我国国家海洋创新指数和区域海洋创新指数，初步探索了国际海洋创新发展态势，基于以上，对我国海洋创新能力进行了评价与展望。具体分为以下六个部分：

第一章，前言。全面阐述海洋创新的重要意义，并对《国家海洋创新指数试评估报告2014》的内容进行了总体介绍。

第二章，从数据看我国海洋创新的发展。从海洋创新人力资源、海洋创新经费规模、海洋创新产出成果、高等学校海洋创新活动、海洋创新知识服务业五个方面的主要指标入手，对我国海洋创新的发展现状进行了全面分析。

第三章，国家海洋创新指数评估分析。对2001—2013年我国国家海洋创新指数进行了定量评估，结论表明：我国国家海洋创新指数显著上升，年均增速为14.24％。其中，海洋创新环境分指数保持上升趋势，年均增速为12.20%；海洋创新投入分指数持续上升，年均增速为8.22%；海洋创新产出分指数增长强劲，年均增速达到23.47%，在4个分指数中增长态势最为迅猛；海洋创新绩效分指数上升趋势在4个分指数中较慢，年均增速为4.64%。

第四章，区域海洋创新指数评估分析。对2013年我国区域海洋创新指数进行了定量评估，结论表明：从我国沿海省（市）来看，上海的区域海洋创新指数得分最高，广东、天津、山东和辽宁紧随其后；从五个经济区来看，珠江三角洲经济区的区域海洋创新指数得分最高，其后依次为长江三角洲经济区、环渤海经济区、海峡西岸经济区和环北部湾经济区；从三个海洋经济圈来看，我国海洋经济圈呈现北部、东部较强而南部较弱的特点。

第五章，国际海洋创新发展态势分析。从国际海洋领域论文和专利角度，分别进行了我国与其他国家的对比分析。针对国际海洋领域研究热点和国际海洋领域专利技术研发热点两方面，分别进行了态势分析，并对具体研究热点进行逐一阐述。

第六章，我国海洋创新能力的进步与展望。基于以上章节的评估结果和态势分析内容，对我国海洋创新能力和发展现状进行了综合评价，并对未来我国海洋创新的发展进行了展望。

二、从数据看我国海洋
创新的发展

随着《国家"十二五"海洋科学和技术发展规划纲要》的全面实施和《海洋科技创新总体规划》的编制完善，我国海洋科技创新发展不断取得新的重大成就，自主创新能力大幅提升，科技竞争力和整体实力显著增强，部分领域达到国际先进水平，获国家奖励的科技成果、论文和专利数量明显提高，海洋创新条件和环境明显改善。

本报告选取海洋创新人力资源、海洋创新经费规模、海洋创新产出成果、高等学校海洋创新活动及海洋创新知识服务业五方面的主要指标，分析我国海洋创新的发展现状。

海洋创新人力资源持续优化。海洋科研机构的科技活动人员结构持续优化，R&D（research and development，研究与发展）人员总量、折合全时工作量稳步上升，R&D人员学历结构进一步优化，R&D人员折合全时工作量构成合理。

海洋创新经费规模显著提升。海洋科研机构的R&D经费规模显著提升，R&D经费内部支出稳定增长。

海洋创新产出成果稳步增长。海洋科研机构的海洋科技论文总量保持增长，海洋领域SCI论文发表数量大幅增长，被引用情况明显改善，海洋科技著作出版种类明显增长，专利申请量、授权量涨势强劲，发明专利所有权转让许可收入逐步提高。

高等学校海洋创新发展良好。涉海高等学校的人员、经费、课题、技术转让等方面均呈现逐渐增长的趋势。

海洋科技对海洋经济发展贡献稳步增强。2013年海洋科技进步贡献率达到60.88%[①]，与"十一五"相比有了较大幅度的增长。海洋科技成果转化率达到49.18%[②]，海洋科技创新促进成果转化的作用日益彰显。

---

① 2013年海洋科技进步贡献率是根据2006—2013年相关数据测算的8年平均值。
② 2013年海洋科技成果转化率是根据2000—2013年相关数据测算所得。

1. 海洋创新人力资源持续优化

海洋创新人力资源是建设海洋强国和创新型国家的主导力量和战略资源，海洋创新科研人员的综合素质决定了国家海洋创新能力提升的速度和强度。海洋科研机构的科技活动人员和R&D人员是重要的海洋创新人力资源，突出反映了一个国家海洋创新人才资源的储备状况。其中，科技活动人员是指海洋科研机构中从事科技活动的人员，包括科技管理人员、课题活动人员和科技服务人员；R&D人员是指海洋科研机构本单位人员及外聘研究人员和在读研究生中参加R&D课题的人员、R&D课题管理人员和为R&D活动提供直接服务的人员。

科技活动人员结构持续优化。从人员组成上看，近3年（2011—2013年）来，我国海洋科研机构课题活动人员（即编制在研究室或课题组的人员）在科技活动人员中占比保持在70%左右，而科技管理人员（即机构领导及业务、人事管理人员）和科技服务人员（即直接为科技工作服务的各类人员，如从事图书、信息与文献的人员）则均在15%以下（见图2-1）；从人员学历结构上看，近3年来，我国海洋科研机构科技活动人员中博士、硕士毕业生占比总体呈增长趋势，2013年博士、硕士毕业生分别占科技活动人员总量的20.84%和28.06%（见图2-2）；从人员职称结构上看，近3年来，我国海洋科研机构科技活动人员中高级、中级职称人员占比保持在初级职称人员占比的2倍左右，2013年高级、中级职称人员分别占科技活动人员总量的34.44%和30.98%（见图2-3）。

R&D人员总量、折合全时工作量稳步上升。我国海洋科研机构的R&D人员总量和折合全时工作量总体呈现稳步上升态势（见图2-4）。2001—2006年期间，R&D人员总量和折合全时工作量增长相对较缓；2006—2007年，二者均涨势迅猛，增长率分别为115.91%和88.25%；2008—2009年，二者再次出现大幅增长，增长率分别为49.62%和55.18%；2009—2013年，二者又恢复稳步增长态势。

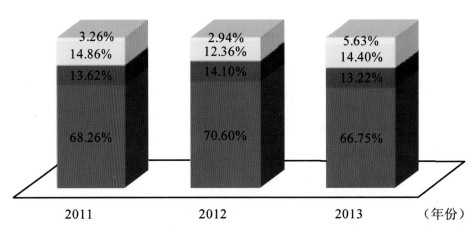

图2-1　2011—2013年海洋科研机构科技活动人员组成图

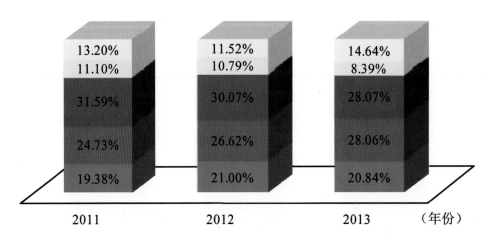

图2-2　2011—2013年海洋科研机构科技活动人员学历结构图

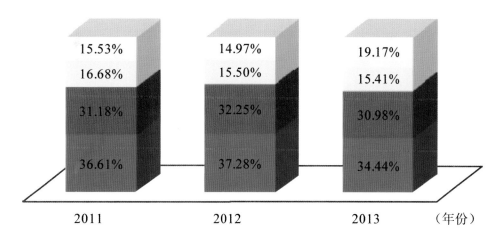

图2-3 2011—2013年海洋科研机构科技活动人员职称结构图

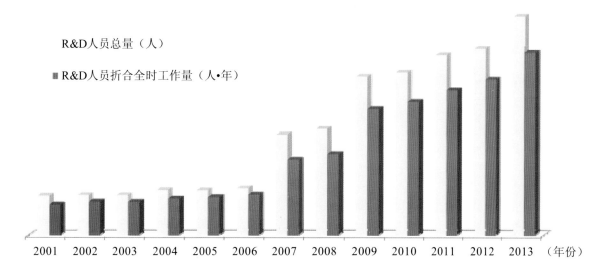

图2-4 2001—2013年海洋科研机构R&D人员总量、折合全时工作量图

R&D人员学历结构进一步优化。近3年来，我国海洋科研机构R&D人员中博士、硕士毕业生占比持续增长，2013年博士和硕士毕业生分别占R&D人员总量的28.31%和32.10%（见图2-5）。其中，博士毕业生占比总体呈上升趋势，相比2011年增长2.32个百分点；硕士毕业生占比连续3年保持稳步增长态势，相比2011年增长4.47个百分点。相对前两者而言，本科及其他毕业生3年来总体呈下降趋势。

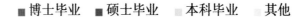

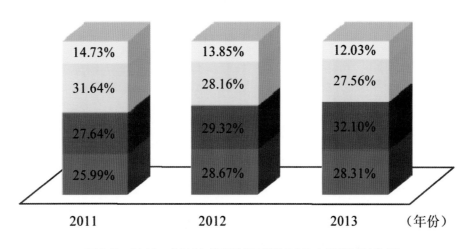

图2-5　2011—2013年海洋科研机构R&D人员学历结构图

R&D人员折合全时工作量构成合理。R&D人员折合全时工作量由研究人员、技术人员和其他辅导人员的折合全时工作量构成，其中，研究人员是指从事新知识、新产品、新工艺、新方法、新系统的构想或创造的专业人员及R&D课题的高级管理人员；技术人员通常在研究人员的指导下参加R&D课题，应用有关原理和操作方法执行R&D任务，其活动包括进行文献检索，编制计算机程序等；其他辅助人员是指参加R&D课题或直接协助这些课题的秘书和办事人员、行政管理人员等。近3年来，我国海洋科研机构R&D人员折合全时工作量中研究人员进行的工作量保持在60%以上，2013年研究人员折合全时工作量占比为62.50%（见图2-6）。

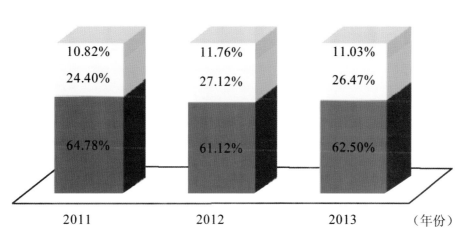

■ 研究人员　　技术人员　　其他辅助人员

图2-6　2011—2013年海洋科研机构R&D人员折合全时工作量构成图

2.海洋创新经费规模快速提升

R&D活动是创新活动最为核心的组成部分，不仅是知识创造和自主创新能力的源泉，也是全球化环境下吸纳新知识和新技术的能力基础，更是反映科技经济协调发展和衡量经济增长质量的重要指标。海洋科研机构的R&D经费是重要的海洋创新经费，能够有效反映国家海洋创新活动规模，客观评价国家海洋科技实力和创新能力。

R&D经费规模快速提升。进入21世纪以来，我国海洋科研机构的R&D经费支出连续12年保持增长趋势。2009年是该指标迅猛增长的一年，年增长率达到106.46%；2013年R&D经费支出相比2001年增长26倍，2001—2013年期间年均增速达到36.67%。R&D经费占全国海洋生产总值比重通常作为国家海洋科研经费投入强度指标，反映国家海洋创新资金投入强度。2001—2013年期间，该指标整体呈现增长趋势，年均增速为18.13%（见图2-7）。

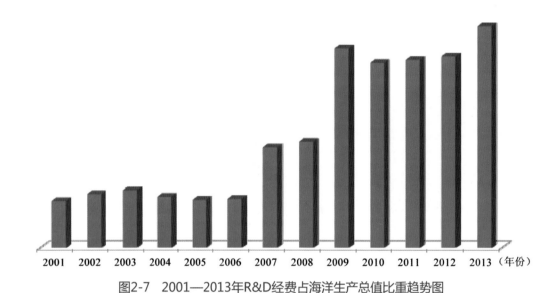

图2-7　2001—2013年R&D经费占海洋生产总值比重趋势图

R&D经费内部支出稳定增长。R&D经费内部支出指当年为进行R&D活动而实际用于机构内的全部支出，包括R&D经常费支出和R&D基本建设费。2001—2013年，R&D基本建设费在R&D经费内部支出中的比例在逐渐上升，占比从2011年的5.28%上升到2013年的17.12%，体现出我国正在提高对基建投资的重视程度（见图2-8）。从费用类别来看，R&D经常费支出包括人员费用（含工资）、设备购置费和其他日常支出（包括业务费和管理费）；R&D基本建设费包括仪器设备费和土建费。其中，2001—2013年期间，R&D经常费中其他日常支出保持在50%以上，人员费用和设备购置费占比小幅下降，2013年，人员费用和设备购置费占R&D经常费支出的比重分别为31.33%和12.00%（见图2-9）；2001—2013年期间，R&D基本建设费中土建费总体占比超过仪器设备费（见图2-10）。从活动类型来看，2001—2013年，R&D经常费支出中用于基础研究的经费占比总体上变动不大，用于应用研究的经费占比从2001年的47.17%下降至2013年的32.97%，用于试验发展的经费占比从2001年的29.26%上升至2013年的44.20%（见图2-11）。从经费来源来看，2001—2013年期间，R&D经费内部支出主要来源于政府资金和企业资金，且政府资金占比在逐渐下降，同时企业资金占比在上升，2013年，政府资金和企业资金占比分别为58.40%和28.30%（见图2-12）。

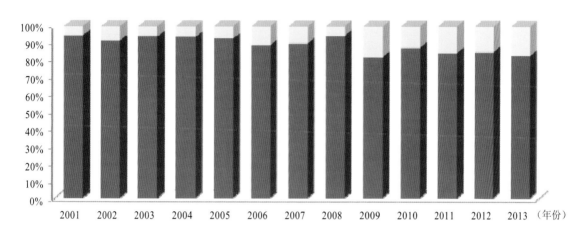

图2-8　2001—2013年R&D经费内部支出构成图

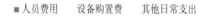

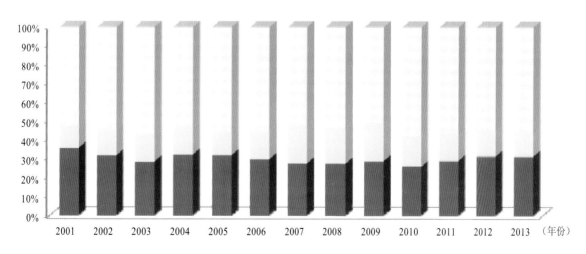

图2-9　2001—2013年R&D经常费支出构成图（按费用类别）

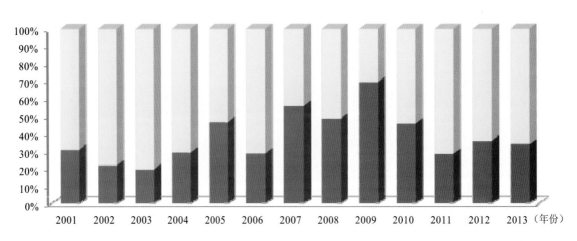

图2-10 2001—2013年R&D基本建设费构成图（按费用类别）

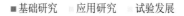

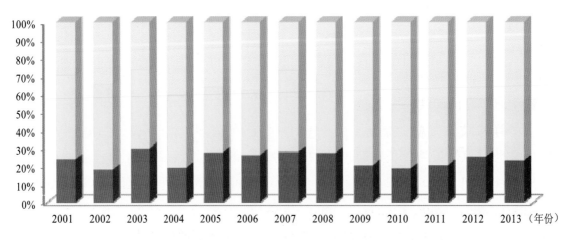

图2-11 2001—2013年R&D经常费支出构成图（按活动类型）

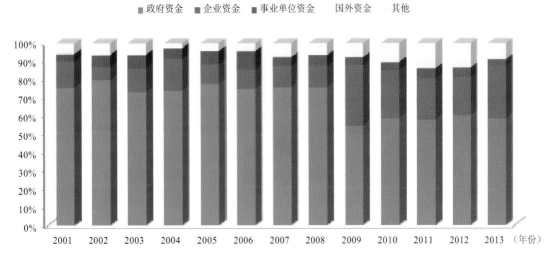

图2-12　2001—2013年R&D经费内部支出构成图（按经费来源）

3. 海洋创新产出成果稳步增长

　　知识创新是国家竞争力的核心要素。创新产出是指科学研究与技术创新活动所产生的各种形式的中间成果，是科技创新水平和能力的重要体现。论文、著作的质量和数量能够反映海洋科技原始创新能力，专利申请量和授权量等情况则更加直接地反映了海洋创新的活动程度和技术创新水平。较高的海洋知识扩散与应用能力是创新型海洋强国的共同特征之一。

　　海洋科技论文总量保持增长。2001—2013年我国海洋科研机构的海洋科技论文发表数量总体保持增长态势，2013年比2001年规模扩大了6.34倍，平均每年增长20.91%（见图2-13）。其中，2001—2006年期间海洋科技论文数量增长平稳，平均增速为11.80%；2006—2007年与2008—2009年海洋科技论文数量发生了两次较大飞跃，增速分别为106.66%与58.42%，是我国海洋科技原始创新能力高速发展的重要阶段；2010年以后海洋科技论文逐渐恢复平稳增长，年均增速为9.15%。值得注意的是，2001—2013年期间，海洋科技论文中外发表的论文占比在整体上有较大幅度上涨，2013年在国外发表的海洋科技论文占总数的比重为35.90%（见图2-14）。两者充分说明我国海洋科技论文在数量与国际认可度上均有明显提升。

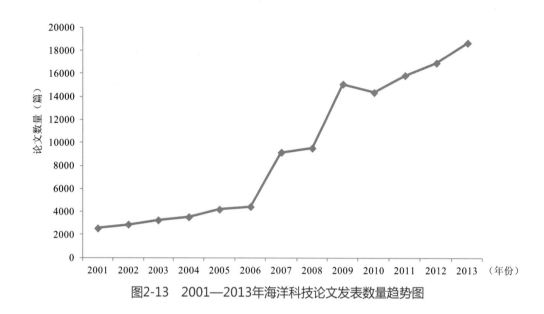

图2-13　2001—2013年海洋科技论文发表数量趋势图

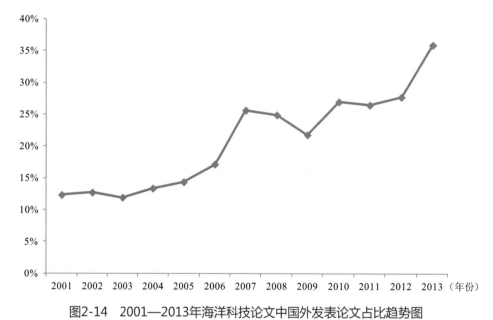

图2-14　2001—2013年海洋科技论文中国外发表论文占比趋势图

　　海洋领域SCI论文①发表数量大幅增长，被引情况明显改善。2001—2013年期间，我国在SCI数据库中发表海洋领域论文数量呈现逐年递增的趋势，年均增速为

---

① 本部分"海洋领域SCI论文"是指以海洋学分类检索的中国作为第一国家发表的论文。

38.79%（见图2-15）。同时，我国海洋领域SCI论文质量也有相应的增加，论文被引次数显著增加（见图2-16），2001—2013年期间年均增速达127.00%，远高于论文总量增速。但是，目前我国被引次数大于50次的海洋领域SCI论文只占到论文总数的2.36%（见图2-17），可见我国海洋领域论文质量仍需进一步提高。

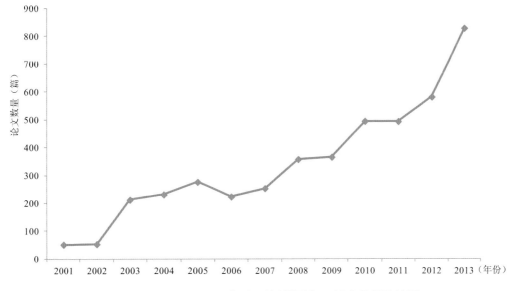

图2-15　2001—2013年我国海洋领域SCI论文数量趋势图

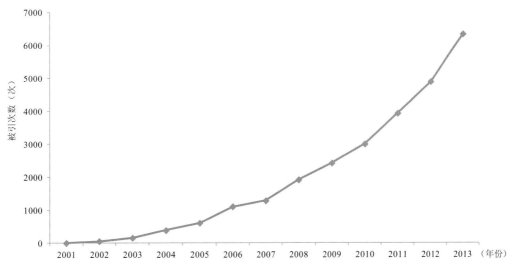

图2-16　2001—2013年我国海洋领域SCI论文被引次数趋势图

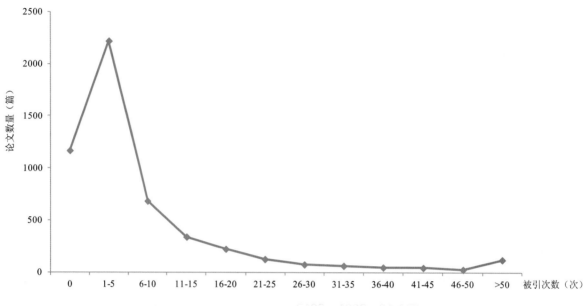

图2-17 我国海洋领域SCI论文被引次数统计图

海洋科技著作出版种类明显增长。2001—2013年期间我国海洋科研机构的海洋科技著作出版种类呈现明显的持续增长趋势，年均增速为22.78%（见图2-18）。其中，2001—2006年海洋科技著作出版种类处于稳定增长阶段，平均增速为7.93%；2006—2007年与2008—2009年海洋科技著作出版种类快速增长，增速分别为102.86%与78.57%；2010年以后海洋科技著作出版种类年均增速为17.14%。

海洋科研机构的专利申请量、授权量涨势强劲。专利申请量是指科研机构向国内外知识产权行政部门提出专利申请并被受理的件数；专利授权量则是指由国内外知识产权行政部门向科研机构授予专利权的件数。2001—2013年，我国海洋科研机构的专利申请量和授权量逐年上升，图2-19从宏观上展示了专利申请量和授权量随年份的变化趋势。海洋科研机构相关专利的发展大致经历了两个阶段：2001—2006年期间是稳步发展阶段，专利申请量和专利授权量稳步增长；2007—2013年期间是显著增长阶段，专利申请量和专利授权量飞速增加。从第二个阶段表现的明显增长趋势来看，目前我国海洋科研机构的专利技术正处于较为强劲的发展期，势头很好，未来还有一定发展空间。

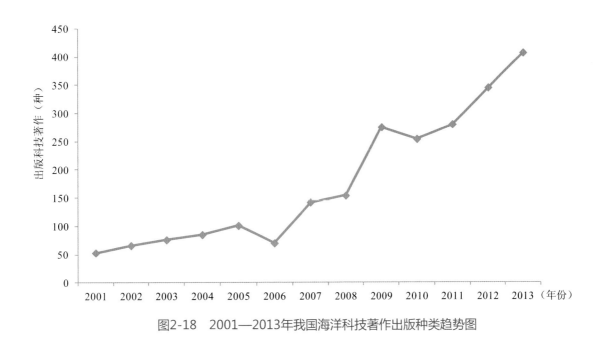

图2-18　2001—2013年我国海洋科技著作出版种类趋势图

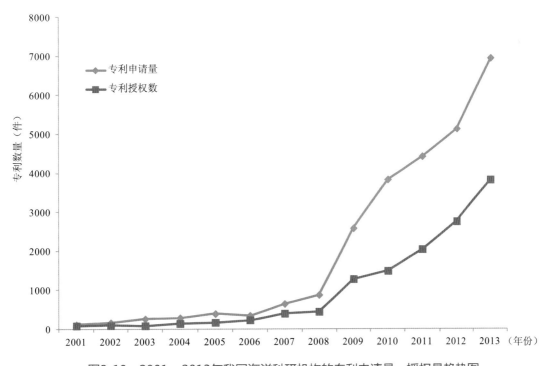

图2-19　2001—2013年我国海洋科研机构的专利申请量、授权量趋势图

海洋科研机构的发明专利占比大幅提升。我国专利分为发明专利、实用新型专利和外观设计专利，其中发明是指对产品、方法或者其改进所提出的新技术方案，发明专利的数量能够充分证明一国的创新实力。2001—2013年，我国海洋科研机构申请和授权专利中发明专利所占比重逐渐增加，2013年海洋科研机构发明专利的数量分别占专利申请量、授权量的82.05%和63.45%（见图2-20）。拥有有效发明专利总数是指科研机构作为专利权人拥有的、经国内外知识产权行政部门授权且在有效期内的发明专利件数。截至2013年，我国海洋科研机构拥有有效发明专利总数达12 399件。

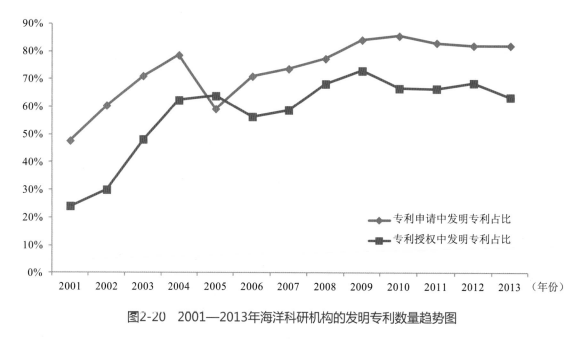

图2-20 2001—2013年海洋科研机构的发明专利数量趋势图

海洋科研机构发明专利所有权转让许可收入逐步提高。海洋科研机构发明专利所有权转让许可收入是指海洋科研机构向外单位转让专利所有权或允许专利技术由被许可单位使用而得到的收入，包括当年从被转让方或被许可方得到的一次性付款和分期付款收入，以及利润分成、股息收入等。发明专利所有权转让许可收入能够从一定程度上反映海洋领域技术转移的效率。2009—2013年我国海洋发明专利所有权转让许可收入总体呈现上升趋势（见图2-21），表明我国海洋科研成果技术转让所获收益正稳步提高；2013年该指标有所下降，原因可能是受整体经济形势影响，导致该指标数据稍有波动。

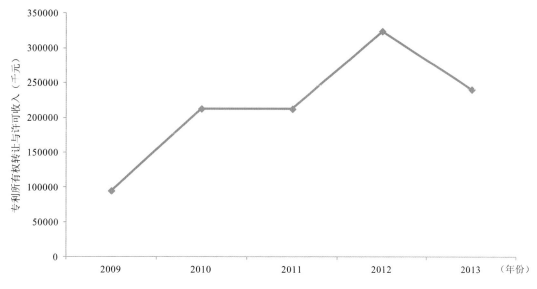

图2-21　2009—2013年我国海洋科研机构发明专利所有权转让许可收入趋势图

　　海洋领域专利[①]优势逐步扩大。通过统计2001—2013年海洋领域各类专利分支的出现频次，可以发现海洋领域专利出现频次最高的10类专利（见图2-22），分别为B63B[②]（船舶或其他水上船只；船用设备）、C02F（污水、污泥污染处理）、A01K（鱼类管理；养殖）、A23L（食品或食料加工处理）、E02B（水利工程）、F03B（液力机械或液力发动机）、B01D（分离方法或装置）、A61K（医学用配制品）、B63H（船舶的推进装置或操舵装置）、A61P（医学化合物或药物制剂的特定治疗活性）。对这10类专利进行统计分析，得到了2001—2013年期间年度专利申请状况（见图2-23）。可以看到，前期处于领先地位的专利，在后期以更为明显的优势快速增多，处于优势地位后，该方向的专利申请量保持稳定。自2010年以后，海洋领域各类专利均迅速增加，呈现全面发展的态势。

---

① 利用德温特专利情报数据库检索出的海洋领域专利。
② 国际专利分类号。

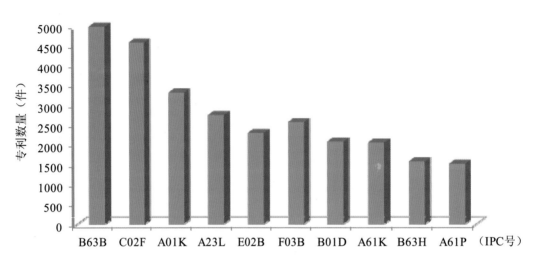

图2-22　2001—2013年排名前10位的海洋领域专利方向的出现频次图

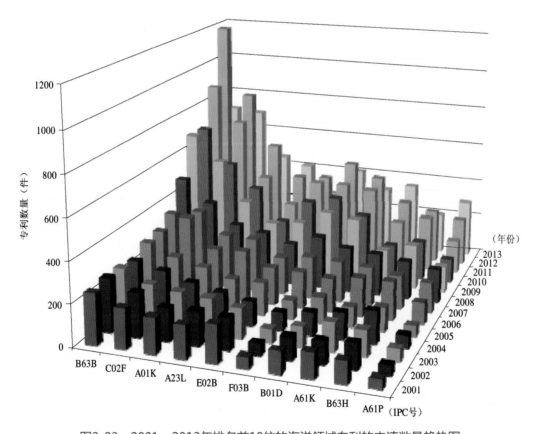

图2-23　2001—2013年排名前10位的海洋领域专利的申请数量趋势图

从在华申请的海洋领域专利①数量及类别来看，在专利申请数量方面（见图2-24），2001—2013年期间，专利申请量的总体数量呈快速增长趋势，2013年在华申请的海洋领域专利申请量达4850件（由于专利公布具有一定的滞后性，2012年之后的数据仅供参考）；在专利申请类别方面，2001—2013年期间，发明专利数量占专利申请总量的比重保持在50%以上，2013年达到62.16%（见图2-25）。从2001—2013年专利总量来看，发明专利占专利总申请量的61.20%，实用新型专利占34.25%，外观设计专利占4.55%（见图2-26）。

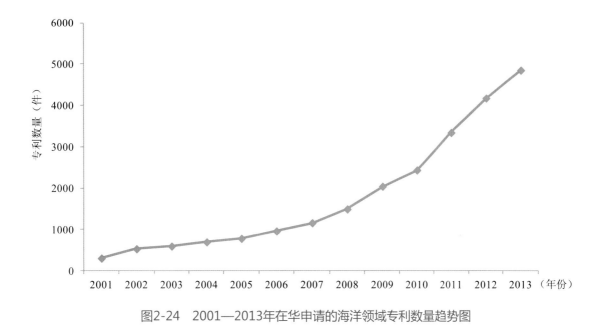

图2-24　2001—2013年在华申请的海洋领域专利数量趋势图

---

① 利用中国科学院专利在线分析系统检索得出的在华申请的海洋领域的有效专利。

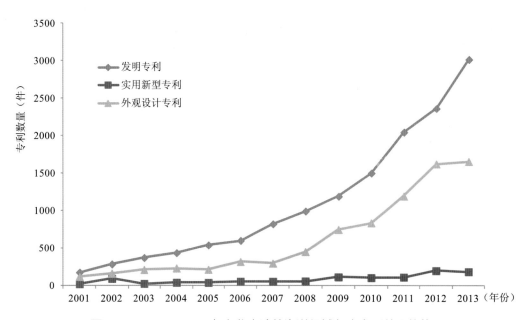

图2-25　2001—2013年在华申请的海洋领域各类专利数量趋势图

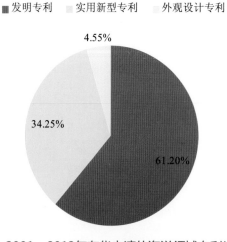

图2-26　2001—2013年在华申请的海洋领域专利类别占比图

从在华申请的海洋领域专利申请机构来看（见图2-27），2001—2013年期间，专利申请数量排名前10位的机构分别是中国海洋石油总公司、中国海洋大学、浙江大学、中国科学院海洋研究所、浙江海洋学院、上海交通大学、天津大学、大连理工大学、哈尔滨工程大学和中国水产科学研究院黄海水产研究所，其中，中国海洋

石油总公司专利数量为656件，中国海洋大学专利数量为476件。此外，这10所机构
申请的专利的类型构成见图2-28。

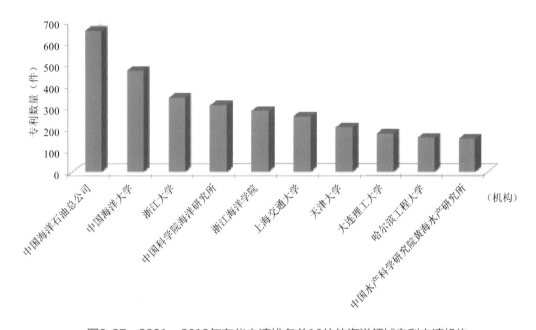

图2-27 2001—2013年在华申请排名前10位的海洋领域专利申请机构

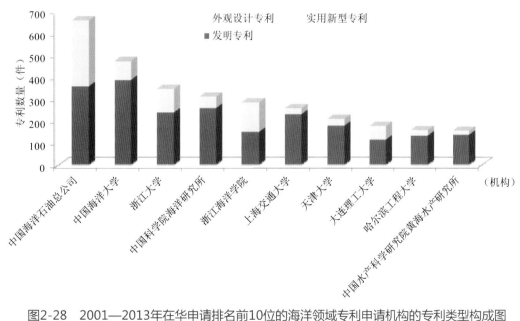

图2-28 2001—2013年在华申请排名前10位的海洋领域专利申请机构的专利类型构成图

　　从在华申请的海洋领域专利申请地区来看（见图2-29），2001—2013年期间，我国海洋领域专利申请数量排名前10位的地区分别是山东、江苏、浙江、北京、上海、广东、辽宁、天津、湖北和福建，反映出这10个地区较强的海洋创新能力，其中，山东省专利数量达到3628件，大幅领先于其他地区。此外，这10个地区申请的专利的类型构成见图2-30。

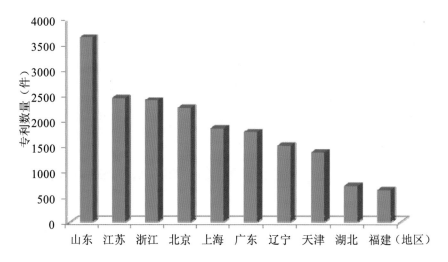

图2-29　2001—2013年在华申请排名前10位的海洋领域专利申请地区

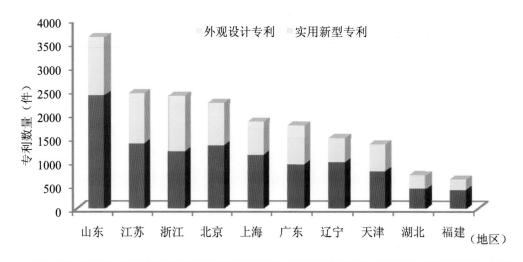

图2-30　2001—2013年在华申请排名前10位的海洋领域专利申请地区的专利类型构成图

从在华申请的海洋领域专利的方向来看（见图2-31），2001—2013年期间，在华申请的海洋领域专利出现频次排名前10位的专利依次为C02F（污水、污泥污染处理）、A01K（鱼类管理；养殖）、B63B（船舶或其他水上船只；船用设备）、G01N（借助测定材料的化学或物理性质来测试或分析材料）、F03B（液力机械或液力发动机）、A61K（医学用配制品）、E21B（土层或岩石的钻进）、C12N（微生物或酶）、E02B（水利工程）和B01D（分离方法或装置）。对这10类专利进行统计分析，得到2001　2013年期间年度专利申请趋势（见图2-32）。

总的来看，我国海洋专利目前处于发展期，但令人欣喜的是专利数量和专利申请人逐年增多。海洋专利技术成熟度维持稳定，表明海洋领域专利技术有较大发展潜力。海洋领域专利技术产学研分布较为均衡，主要申请人优势相对集中。值得注意的是，我国海洋领域专利技术主要布局在渔业、医药行业、矿物开采、食品等行业，高新技术行业有所欠缺，需要借助海洋创新的契机，加快海洋高新技术行业的发展。

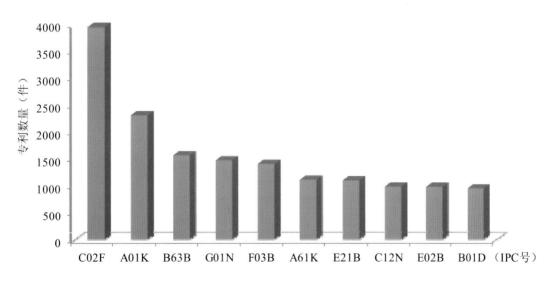

图2-31　2001—2013年在华申请排名前10位的海洋领域专利方向的出现频次图

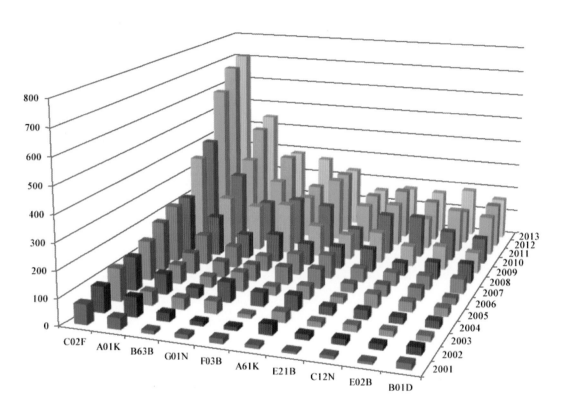

图2-32　2001—2013年在华申请排名前10位的海洋领域专利的申请数量趋势图

4. 高等学校海洋创新发展良好

高等学校对国家创新的发展有着举足轻重的作用。近年来，我国高等学校的海洋创新资源投入和海洋创新成果产出逐渐提高，海洋创新发展良好。需要说明的是，本部分高等学校数据为各涉海高等学校按照其涉海比例系数加权求和所得（涉海高等学校及涉海比例系数见附录七）。

高等学校教学与科研人员是指高等学校在册职工在统计年度内，从事大专以上教学、研究与发展、研究与发展成果应用及科技服务工作人员以及直接为上述工作服务的人员，包括统计年度内从事科研活动累计工作时间一个月以上的外籍和高教系统以外的专家和访问学者。2009—2013年我国高等学校教学与科研人员逐步增加，其中，科学家与工程师、高级职称人员数量也呈增长趋势，科学家与工程师占教学与科研人员的比例略有波动；高级职称人员占教学与科研人员的比例由37.50%上升到39.25%（见图2-33）。

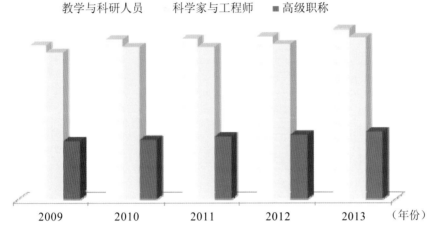

图2-33 2009—2013年我国涉海高等学校教学与科研人员情况

高等学校研究与发展人员是指统计年度内，从事研究与发展工作时间占本人教学、科研总时间10%以上的"教学与科研人员"。2009—2013年我国涉海高等学校研究与发展人员逐步增加，其中，科学家与工程师、高级职称人员数量也呈增长趋势，科学家与工程师占研究与发展人员的比例由95.99%上升到96.71%；高级职称人员占研究与发展人员的比例略有波动（见图2-34）。

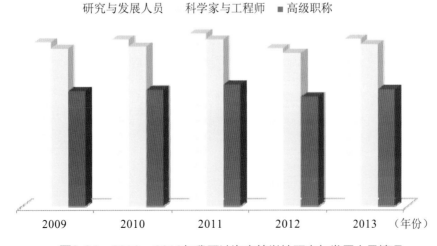

图2-34 2009—2013年我国涉海高等学校研究与发展人员情况

2009—2013年我国涉海高等学校科技经费投入不断增加，年均增速达到16.13%。2009—2013年政府资金投入呈增长趋势，年均增速达到15.93%。2009—2013年我国涉海高等学校的内部支出大幅增长，2013年相较2009年内部支出增长高达56.81倍（见图2-35）。

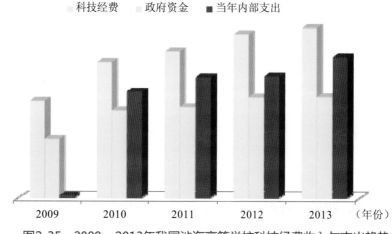

图2-35　2009—2013年我国涉海高等学校科技经费收入与支出趋势

2009—2013年我国涉海高等学校科技课题总数逐渐增加，年均增速为7.17%；科技课题当年投入人数总体呈上升趋势，年均增速为1.50%（见图2-36）。2009—2013年我国涉海高等学校科技课题当年拨入经费和当年支出经费逐年增多，当年拨入经费年均增速达到15.98%，当年支出经费年均增速达到15.91%（见图2-37）。

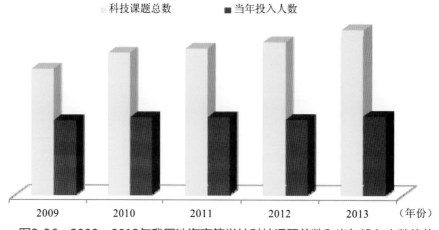

图2-36　2009—2013年我国涉海高等学校科技课题总数和当年投入人数趋势

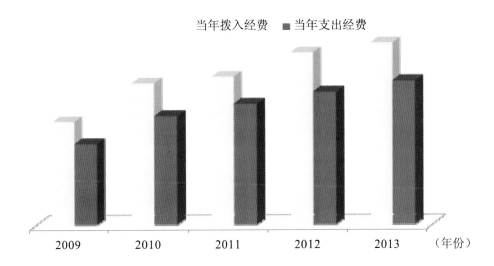

图2-37　2009—2013年我国涉海高等学校科技课题当年拨入经费和当年支出经费趋势

2009—2013年，我国涉海高等学校科技成果中发表的学术论文篇数逐步增长，年均增速为6.16%，其中国外学术刊物发表的学术论文篇数增长更为明显，年均增速10.65%（见图2-38）；技术转让签订的合同数逐年增长，年均增速为18.77%，其中，在2009—2010年期间增长最为迅猛，年增长率达到67.60%（见图2-39）。

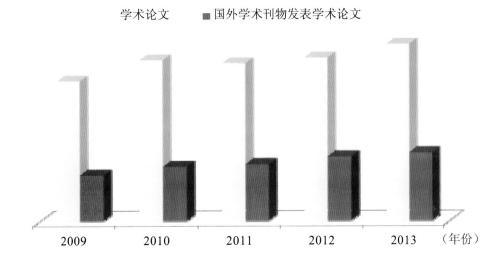

图2-38　2009—2013年我国涉海高等学校科技成果中发表学术论文数量趋势

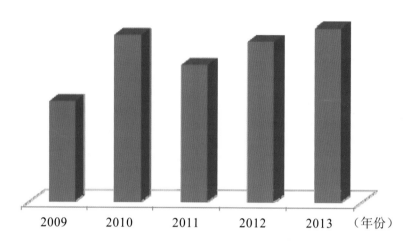

图2-39　2009—2013年我国涉海高等学校技术转让签订合同数目趋势

5. 海洋科技对海洋经济发展贡献稳步增强

近年来，海洋创新方面的一系列工作扎实推进，一大批成果走上前台，全面影响和推动了海洋事业发展进程。在此进程中，海洋科技服务海洋经济社会发展的能力不断增强，科技创新促进成果转化的作用日益彰显。

海洋科技进步贡献率平稳增长。海洋科技进步贡献率是指海洋科技进步对海洋经济增长的贡献份额，它是度量海洋科技进步大小的重要指标，也是衡量海洋科技竞争实力和海洋科技转化为现实生产力水平的综合性指标。《国家"十二五"海洋科学和技术发展规划纲要》明确提出"到2015年，海洋科技对海洋经济的贡献率达到60%以上"。根据科技部海洋科技统计、海洋科技成果登记数据和《中国海洋统计年鉴》，基于加权改进的索洛余值法（测算过程见附录五），测算我国"十一五"期间（2006—2010年）及"十二五"前期海洋科技进步贡献率（见表2-1）。

表2-1　我国海洋科技进步贡献率

年份	产出增长率（%）	资本增长率（%）	劳动增长率（%）	海洋科技进步贡献率（E）（%）
2006—2010年	12.86	10.10	4.05	54.40
2006—2013年	11.26	7.36	3.14	60.88

从表2-1可以看出，"十一五"期间我国海洋科技进步贡献率为54.40%，2006—2013年达到60.88%。也就是说，2006—2013年期间我国海洋生产总值以平均14.19%的速度增长，其中有60.88%来自海洋科技进步的贡献。根据"十一五"以来我国海洋经济发展态势以及劳动投入、资本投入及产出状况进行分析推算，《国家"十二五"海洋科学和技术发展规划纲要》提出的目标有望如期实现。

海洋科技成果转化能力发展良好。海洋科技成果转化率是指进行自我转化或进行转化生产，处于投入应用或生产状态，并达到成熟应用的海洋科技成果占全部海洋科技应用成果的百分率。海洋科技成果能否迅速而有效地转化为现实生产力，是一个国家经济发展和腾飞的关键与标志。加快海洋科技成果向现实生产力转化，促进新产品、新技术的更新换代和推广应用，是海洋科技进步工作的中心环节，也是促进海洋经济发展由粗放型向集约型转变的关键所在。《全国海洋经济发展"十二五"规划》提出"2015年海洋科技成果转化率达到50%以上"。根据科技部海洋科技统计和海洋科技成果登记数据，2000—2013年海洋科技成果转化率可达到49.18%（测算过程见附录六）。根据测算结果采取趋势外推法进行预测，2015年我国海洋科技成果转化率可达50.35%，能够如期完成《全国海洋经济发展"十二五"规划》提出的目标，充分说明我国海洋创新能力得到进一步提升，海洋可持续发展能力得到进一步增强，我国正稳步由海洋大国向海洋强国迈进。

三、国家海洋创新指数评估分析

国家海洋创新指数是一个综合指数，由海洋创新环境、海洋创新投入、海洋创新产出、海洋创新绩效4个分指数构成；考虑海洋创新活动的全面性和代表性，以及基础数据的可获取性，本报告选取20个指标（指标体系构建见附录二），反映海洋创新的质量、效率和能力。

海洋创新环境分指数连续12年保持上升趋势，年均增速为12.20%，尤其在2008—2010年有了飞跃性增长，这得益于其指标"沿海地区人均海洋生产总值"与"海洋专业大专及以上应届毕业生人数"的迅速增长。

海洋创新投入分指数持续上升，2007年与2009年的两次飞跃使创新投入分指数迅速增长，2001—2013年期间年均增速为8.22%；其中，"研究与发展经费投入强度"与"研究与发展人力投入强度"两个指标的年均增速分别为18.51%与13.76%，是拉动海洋创新投入分指数上升的主要力量。

海洋创新产出分指数增长强劲，年均增速达到23.47%，在4个分指数中增长态势最为迅猛；"亿美元经济产出的发明专利申请数"和"万名R&D人员的发明专利授权数"两个指标增长较快，年均增速分别达36.71%和32.86%，高于其他指标值，成为推动海洋创新产出上升的主导力量。

海洋创新绩效分指数上升趋势在4个分指数中较慢，年均增速仅为4.64%；"海洋劳动生产率"在创新绩效分指数的6个指标中增长较为稳定，年均增速为10.92%，对海洋创新绩效的增长起着积极的推动作用。

国家海洋创新指数显著上升，海洋创新能力大幅提高。设定2001年我国的国家海洋创新指数基数值为100，则2013年国家海洋创新指数为464，2001—2013年期间国家海洋创新指数的年均增速为14.24 %。

1. 海洋创新环境分指数评估

海洋创新环境包括创新过程中的硬环境和软环境，是提升我国海洋创新能力的重要基础和保障。海洋创新环境分指数反映一个国家海洋创新活动所依赖的外部环境，主要是制度创新和环境创新。海洋创新环境分指数选取如下4个指标：①沿海地区人均海洋生产总值；②R&D经费中设备购置费所占比重；③海洋科研机构科技经费筹集额中政府资金所占比重；④海洋专业大专及以上应届毕业生人数。

海洋创新环境明显改善。2001—2013年，海洋创新环境分指数呈现增长态势（见表3-1、图3-1和图3-2），由2001年的100上升至2013年的383，年均增速达到12.20%。2008年，随着我国对海洋创新总体环境的重视程度不断提高，海洋创新环境分指数的增长速度加快，2001—2008年期间年均增速为10.96%，2009—2012年期间年均增速为13.93%，这主要得益于其指标"海洋专业大专及以上应届毕业生人数"的迅速增长，尤其是2008年以后，该指标增长迅猛，由2008年的309增长至2013年的866，2009年的增长速度达到峰值106.97%，2009—2013年期间年均增速达27.92%。

表3-1　海洋创新环境分指数及其指标历年得分

年份	分指数	指标			
	海洋创新环境	沿海地区人均海洋生产总值	R&D经费中设备购置费所占比重	海洋科研机构科技经费筹集额中政府资金所占比重	海洋专业大专及以上应届毕业生人数
	B_1	C_1	C_2	C_3	C_4
2001	100	100	100	100	100
2002	108	118	109	96	111
2003	119	124	113	81	157
2004	126	150	122	61	171
2005	135	180	108	61	191
2006	155	215	119	59	228

续表3-1

年份	分指数	指标			
	海洋创新环境	沿海地区人均海洋生产总值	R&D经费中设备购置费所占比重	海洋科研机构科技经费筹集额中政府资金所占比重	海洋专业大专及以上应届毕业生人数
	B_1	C_1	C_2	C_3	C_4
2007	186	255	157	67	267
2008	206	292	156	67	309
2009	286	314	144	49	639
2010	328	379	124	47	761
2011	358	433	104	47	847
2012	372	490	101	51	846
2013	383	528	86	53	866

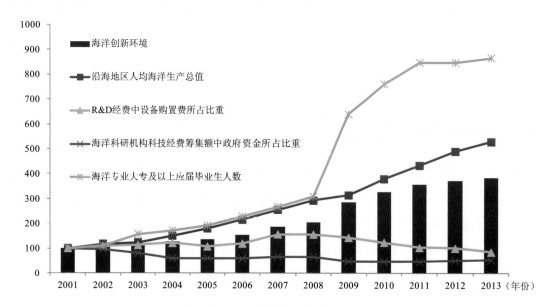

图3-1 海洋创新环境分指数及其指标得分变化趋势

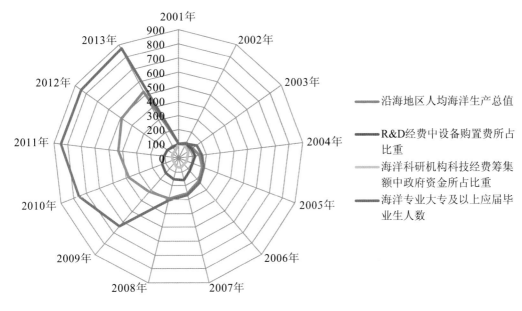

图3-2　海洋创新环境分指数及其指标得分对比分析

优势指标与劣势指标并存。海洋创新环境分指数的指标中，一直保持上升趋势的指标有"沿海地区人均海洋生产总值"、"海洋专业大专及以上应届毕业生人数"。其中，"沿海地区人均海洋生产总值"得分呈现明显的上升趋势，年均增速为15.01%，在4个指标中，该指标与海洋创新环境分指数的得分和走势都最为接近。从"海洋专业大专及以上应届毕业生人数"来看，2013年此项指标得分是2001年的8.66倍，年均增速达22.07%，在四个指标中增长最快。

相对劣势指标为"R&D经费中设备购置费所占比重"、"海洋科研机构科技经费筹集额中政府资金所占比重"。"R&D经费中设备购置费所占比重"得分有一定的波动，总体呈下滑趋势，最高值出现在2007年，之后逐渐下降，由2007年的157下降至2013年的86。"海洋科研机构科技经费筹集额中政府资金所占比重"得分整体呈现下滑趋势，得分由2001年的100降至2013年的53。

2. 海洋创新投入分指数评估

海洋创新投入能够反映一个国家对海洋创新活动的投入力度。创新型人才资源供给能力以及创新所依赖的基础设施投入水平，是国家海洋持续开展创新活动的基本保障。海洋创新投入分指数采用如下5个指标：①研究与发展经费投入强度；②研究与发展人力投入强度；③科技活动人员中高级职称所占比重；④科技活动人员占海洋科研机构从业人员的比重；⑤万名科研人员承担的课题数。通过以上指标，从资金投入、人力投入等角度对我国海洋创新资源投入和配置能力进行评估。

海洋创新投入分指数升势趋稳。2013年海洋创新投入分指数得分为239（见表3-2），2001—2013年的年均增速为8.09%。从海洋创新投入分指数的历史变化情况来看，2007年与2009年涨幅最为明显，年增长速率分别为42.24%与30.89%；2009年以后，海洋创新投入分指数在小范围内波动增长，至2013年到达历史最高值。总体来看，2001—2013年期间，我国的海洋创新投入分指数稳步上升。

指标变化差异较大。从海洋创新投入的5个指标得分的变化趋势来看（见图3-3和图3-4），有2个指标呈快速上升趋势，2个指标基本持平，1个指标虽整体呈现增长趋势但具有阶段性。其中，"研究与发展经费投入强度"波动幅度最大，其次是"研究与发展人力投入强度"指标。2001—2013年，2个指标均呈现增长趋势，年均增速分别为18.51%和13.76%，是拉动海洋创新投入分指数上升的主要力量。

表3-2 海洋创新投入分指数及其指标得分

年份	分指数	指标				
	海洋创新投入	研究与发展经费投入强度	研究与发展人力投入强度	科技活动人员中高级职称所占比重	科技活动人员占海洋科研机构从业人员的比重	万名科研人员承担的课题数
	B_2	C_5	C_6	C_7	C_8	C_9
2001	100	100	100	100	100	100
2002	104	115	94	105	99	106
2003	107	123	88	104	100	120
2004	108	109	93	107	103	127
2005	109	102	87	112	103	140
2006	110	104	85	112	104	145

续表3-2

年份	分指数	指标				
	海洋创新投入	研究与发展经费投入强度	研究与发展人力投入强度	科技活动人员中高级职称所占比重	科技活动人员占海洋科研机构从业人员的比重	万名科研人员承担的课题数
	B_2	C_5	C_6	C_7	C_8	C_9
2007	156	217	173	114	108	171
2008	162	229	179	111	111	178
2009	211	435	263	105	110	143
2010	209	403	264	111	114	152
2011	214	410	286	110	111	151
2012	219	417	293	112	113	158
2013	239	484	339	103	113	153

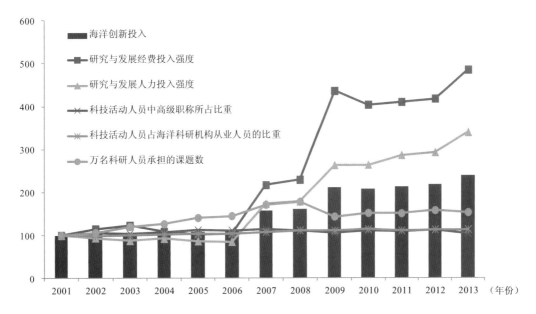

图3-3 海洋创新投入分指数及其指标得分变化趋势

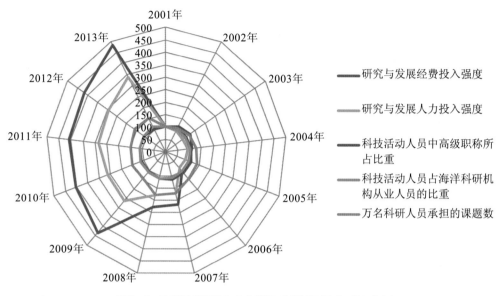

图3-4 海洋创新投入分指数及其指标得分对比分析

指标"科技活动人员中高级职称所占比重"反映一个国家海洋科技活动的顶尖人才力量，"科技活动人员占海洋科研机构从业人员的比重"能够反映一个国家海洋创新活动科研力量的强度。2个指标自2001年以来，增速基本持平，2001—2013年期间年均增长速度分别为0.36%和1.07%，增长趋势较为缓慢。

指标"万名科研人员承担的课题数"能够反映海洋科研人员从事海洋创新活动的强度。其变化趋势以2009年为界，2001—2008年期间为稳定上涨趋势，年均增长速度为8.67%，2009年出现负增长，之后直至2013年保持稳定增长态势，2010—2013年期间年均增速为1.72%。

3. 海洋创新产出分指数评估

海洋创新产出是创新活动的直接产出，能够反映一个国家海洋领域的科研产出能力和知识传播能力。海洋创新产出分指数选取如下5个指标：①亿美元经济产出的发明专利申请数；②万名R&D人员的发明专利授权数；③本年出版科技著作；④万名科研人员发表的科技论文数；⑤国外发表的论文数占总论文数的比重。通过以上指标论证我国海洋创新产出的能力和水平，既能反映科技成果产出效应，又综合考虑了发明专利、科技论文、科技著作等各种成果产出。

海洋创新产出分指数迅速增长。从海洋创新产出分指数及其增长率来看（见表3-3和图3-5），我国的海洋创新产出分指数增长迅速，从2001年的100增长至2013年的1064，年均增速达23.47%，在4个分指数中涨势最为迅猛。从图3-5可看出，海洋创新产出分指数增长大致划分为两个阶段，以2008年为界，第一个阶段是2008年之前，海洋创新产出呈现相对缓慢的上升趋势，年均增长速度为19.63%，处于低速增长阶段；第二个阶段是2008年以后，海洋创新产出分指数迅速增长，2008—2013年的年均增长速度达到28.85%，处于高速增长阶段，2009年分指数的年增长速度达到峰值92.16%。

表3-3　海洋创新产出分指数及其指标得分

年份	分指数	指标				
	海洋创新产出	亿美元经济产出的发明专利申请数	万名R&D人员的发明专利授权数	本年出版科技著作	万名科研人员发表的科技论文数	国外发表的论文数占总论文数的比重
	B_3	C_{10}	C_{11}	C_{12}	C_{13}	C_{14}
2001	100	100	100	100	100	100
2002	126	156	133	125	115	103
2003	170	282	196	143	131	97
2004	213	278	373	160	142	108
2005	237	241	463	191	174	117
2006	239	207	534	132	184	139
2007	303	339	452	268	247	208
2008	340	414	552	291	244	202
2009	654	1229	1139	519	206	177
2010	717	1515	1178	479	196	219
2011	777	1477	1461	528	201	215
2012	916	1539	1958	651	208	225
2013	1064	1920	2144	768	198	292

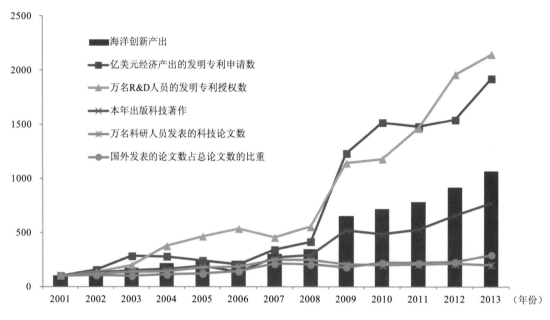

图3-5　海洋创新产出分指数及其指标得分变化趋势

指标的贡献不一。从海洋创新产出5个指标的变化趋势来看（见表3-3、图3-5和图3-6），"亿美元经济产出的发明专利申请数"和"万名R&D人员的发明专利授权数"两个指标波动幅度最大，尤其在2008—2009年，上述两个指标增长迅猛，分别由2008年的414和552上升至2009年的1229和1139，年增速分别达197.04%和106.50%，其他年份两个指标呈现小幅波动现象。总体来看，2001—2013年，两个指标呈现平稳且相对较快的增长，年均增长速度分别达36.71%和32.86%。两个指标得分远高于其他指标值，成为推动海洋创新产出上升的主导力量。

2001—2013年间，"本年出版科技著作"指标呈现平稳增长趋势，年均增长率为22.78%。其中，2001—2005年，该指标以17.59%的年均增长速度缓慢增长，2006年略微下降；2006—2007年与2008—2009年，是此项指标的两个快速上升阶段，也是其增长最快的阶段，年增长速度分别为102.86%与78.57%；2009年以后，"本年出版科技著作"指标得分逐渐增大。

"万名科研人员发表的科技论文数"即平均每万名科研人员发表的科技论文数，反映了科学研究的产出效率。"国外发表的论文数占总论文数的比重"是指一国发表的科技论文中国外发表论文的比重，反映了科技论文的对外普及程度。

2001—2013年期间，2个指标得分增长相对缓慢，年均增长速度分别为6.64%和10.53%。

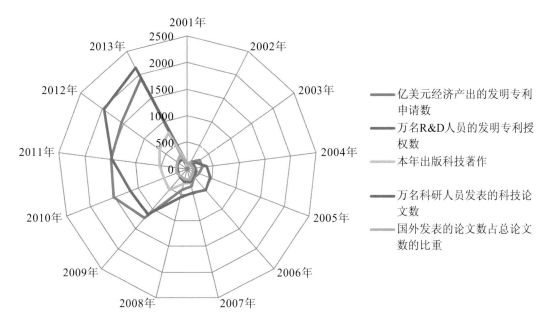

图3-6 海洋创新产出分指数及其指标得分对比分析

4. 海洋创新绩效分指数评估

海洋创新绩效能够反映一个国家开展海洋创新活动所产生的效果和影响。海洋创新绩效分指数选取如下6个指标：①海洋科技成果转化率；②海洋科技进步贡献率；③海洋劳动生产率；④科研教育管理服务业占海洋生产总值的比重；⑤单位能耗的海洋经济产出；⑥海洋生产总值占国内生产总值的比重。通过以上指标，反映我国海洋创新活动所带来的效果和影响。

海洋创新绩效分指数有序上升。表3-4是海洋创新绩效分指数及其指标的历年得分，从指数得分情况看，我国的海洋创新绩效分指数从2001年的100增长至2013年的171，呈现平稳而有序的增长状态，增长速度相对缓慢，年均增长速度为4.64%，在4个分指数中增长最为缓慢，但是其增长趋势表明我国海洋创新绩效总体发展水平已经取得了一定的进步，有力地促进了我国海洋经济的发展。

表3-4　海洋创新绩效分指数及其指标得分

年份	分指数	指标					
	海洋创新绩效	海洋科技成果转化率	海洋科技进步贡献率	海洋劳动生产率	科研教育管理服务业占海洋生产总值的比重	单位能耗的海洋经济产出	海洋生产总值占国内生产总值的比重
	B_4	C_{15}	C_{16}	C_{17}	C_{18}	C_{19}	C_{20}
2001	100	100	100	100	100	100	100
2002	108	113	109	110	94	112	108
2003	105	123	94	108	101	103	101
2004	106	130	70	124	100	109	106
2005	111	137	64	141	96	118	110
2006	120	142	76	162	92	132	115
2007	124	146	74	180	91	144	111
2008	134	150	89	204	92	161	109
2009	138	154	84	219	94	166	109
2010	148	157	80	261	85	192	114
2011	158	160	94	294	84	207	111
2012	166	162	100	319	86	219	111
2013	171	165	96	342	87	229	110

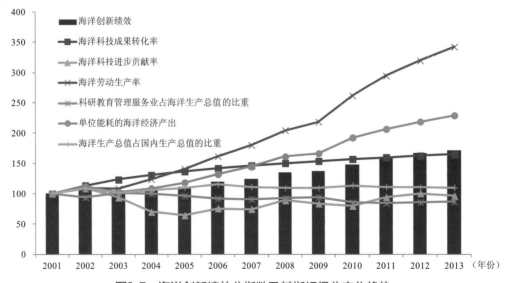

图3-7　海洋创新绩效分指数及其指标得分变化趋势

"海洋科技成果转化率"是衡量海洋科技转化为现实生产力水平的重要指标。2001—2013年期间我国海洋科技成果转化率保持缓慢上升趋势，年均增长速度为4.30%。总体来说，2010年以前我国海洋科技成果转化率的增长较为明显，2010年以后趋于稳定（见图3-7）。

"海洋科技进步贡献率"指标总体波动范围不大，2001—2013年期间我国海洋科技进步贡献率变化不大，表明海洋科技进步对海洋经济增长的贡献趋于稳定。

"海洋劳动生产率"采用海洋科技人员的人均海洋生产总值，反映海洋创新活动对海洋经济产出的作用。2001—2013年间，"海洋劳动生产率"指标迅速增长，年均增长速度为10.92%，是创新绩效分指数的6个指标中增长最快最稳定的指标（图3-7和图3-8），表明海洋创新活动对海洋经济的拉动作用显著增长。

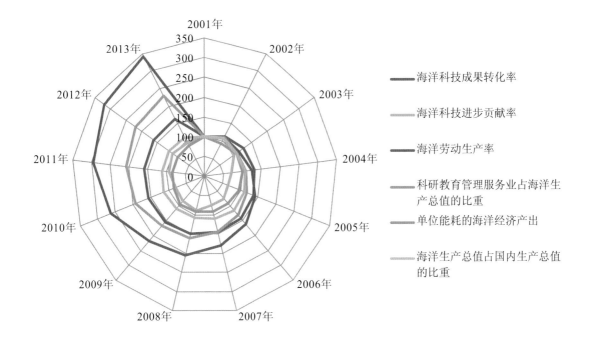

图3-8　海洋创新绩效分指数及其指标得分对比分析

"科研教育管理服务业占海洋生产总值的比重"能够反映海洋科研、教育、管理及服务等活动对海洋经济的贡献程度，该指标由2001年的100经历波动降至2013

年的87，年均降速为1.08%。表明海洋科研、教育和管理服务等活动对海洋经济的贡献程度呈现相对下降趋势，需要加强海洋科研、教育和管理服务等方面的重视，努力提高其对海洋经济的贡献。

"单位能耗的海洋经济产出"采用万吨标准煤能源消耗的海洋生产总值，用来测度海洋创新带来的减少资源消耗的效果，也反映出一个国家海洋经济增长的集约化水平。2001—2013年间，"单位能耗的海洋经济产出"指标增长迅速，年均增长速度为7.31%，呈现稳定的增长趋势。指标增长趋势表明海洋创新活动促使国家海洋经济增长的集约节约化水平不断提高。

"海洋生产总值占国内生产总值的比重"反映海洋经济对国民经济的贡献，用来测度海洋创新对海洋经济的推动作用。图3-7和图3-8表明，该指标变化不明显，2013年仅比2001年增长10个百分点，得分较为稳定，增长速度缓慢，2001—2013年期间的年均增速只有0.87%，反映出海洋经济对国民经济的贡献处于稳定增长状态。

5. 海洋创新指数综合评估

国家海洋创新指数显著上升。将2001年我国的国家海洋创新指数定为基数100，则2013年国家海洋创新指数达到最高值464，2001—2013年期间，年均增长速度为14.24%（见图3-9）。

2001—2013年期间国家海洋创新指数保持持续上升的趋势，增长速度出现不同程度的波动，最为突出的是2009年出现波峰，国家海洋创新指数由2008年的211增长为2009年的322，增长速度达到峰值53.11%，主要是因为2008年国际金融危机波及我国海洋事业，海洋创新发展也受到一定的影响；而2009年我国海洋科技迅速恢复平稳发展，海洋创新指数大幅增长，海洋经济也逐渐回暖。以2009年为界，2001—2008年，国家海洋创新指数保持平稳上升趋势，年均增长速度为11.35%；而2009年及以后，即2009—2013年，国家海洋创新指数一直保持在300以上，恢复稳定增长趋势，指数的年均增速为18.28%。

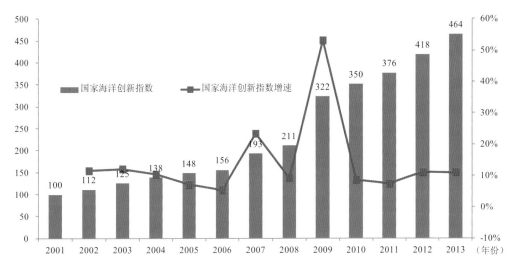

图3-9　国家海洋创新指数历年变化及增速趋势

　　国家海洋创新指数与4个分指数关系密切，4个分指数对国家海洋创新指数的影响各不相同。构成国家海洋创新指数的4个分指数均呈现不同程度的上升态势（见表3-5），尤其是海洋创新产出分指数，表现出快速增长态势（见图3-10）。海洋创新环境分指数与国家海洋创新指数最为接近，其值和趋势变化比较类似。海洋创新投入分指数与国家海洋创新指数变化趋势基本一致，仅在2010年海洋创新投入分指数出现负增长，与国家海洋创新指数8.71%的正增长速度差异较大。而海洋创新产出分指数得分值远远高于国家海洋创新指数，说明海洋创新产出分指数对国家海洋创新指数有较大的正贡献。海洋创新绩效分指数与国家海洋创新指数变化趋势的差异最大，分指数基本呈现平稳缓慢的线性增长，年度增长速度出现小范围波动，与国家海洋创新指数的增长速度有较大差异。

表3-5　国家海洋创新指数和各分指数变化

年份	综合指数	分指数			
	国家海洋创新指数 A	海洋创新环境 B_1	海洋创新投入 B_2	海洋创新产出 B_3	海洋创新绩效 B_4
2001	100	100	100	100	100
2002	112	108	104	126	108

续表3-5

年份	综合指数	分指数			
	国家海洋创新指数 A	海洋创新环境 B_1	海洋创新投入 B_2	海洋创新产出 B_3	海洋创新绩效 B_4
2003	125	119	107	170	105
2004	138	126	108	213	106
2005	148	135	109	237	111
2006	156	155	110	239	120
2007	193	186	156	303	124
2008	211	206	162	340	134
2009	322	286	211	654	138
2010	350	328	209	717	148
2011	376	358	214	777	158
2012	418	372	219	916	166
2013	464	383	239	1064	171

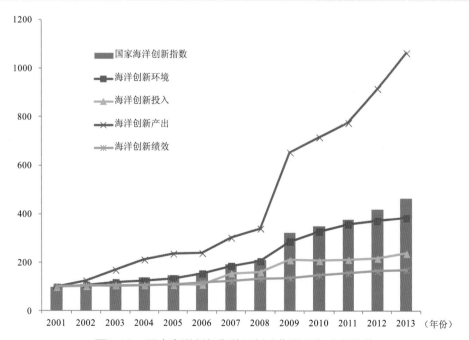

图3-10　国家海洋创新指数及其分指数历年变化趋势

海洋创新环境是海洋创新活动顺利开展的重要保障。《国家"十二五"海洋科学和技术发展规划纲要》颁布实施以来，我国海洋创新的总体环境极大改善，海洋创新环境分指数一直呈上升趋势，2001—2013年的年均增速为12.20%（见表3-6），与国家海洋创新指数的年均增长速度14.24%最为接近（见图3-11），各年增速均呈现正增长，在4个分指数中位列第二，仅低于海洋创新产出分指数。

表3-6　国家海洋创新指数和分指数增长速度

年份	综合指数	分指数			
	国家海洋创新指数 A	海洋创新环境 B_1	海洋创新投入 B_2	海洋创新产出 B_3	海洋创新绩效 B_4
2001	—	—	—	—	—
2002	11.57%	8.39%	3.95%	26.33%	7.59%
2003	12.14%	9.45%	2.90%	34.48%	−2.44%
2004	10.41%	6.15%	0.61%	25.12%	1.40%
2005	7.16%	7.23%	1.35%	11.49%	4.29%
2006	5.42%	15.12%	0.84%	0.91%	7.74%
2007	23.39%	19.84%	42.24%	26.68%	4.07%
2008	9.36%	10.56%	3.27%	12.37%	7.92%
2009	53.11%	39.08%	30.89%	92.16%	2.37%
2010	8.71%	14.43%	−1.33%	9.65%	7.78%
2011	7.42%	9.10%	2.33%	8.26%	6.81%
2012	11.10%	4.00%	2.38%	18.00%	5.03%
2013	11.04%	3.04%	9.21%	16.16%	3.14%
年均增速	14.24%	12.20%	8.22%	23.47%	4.64%

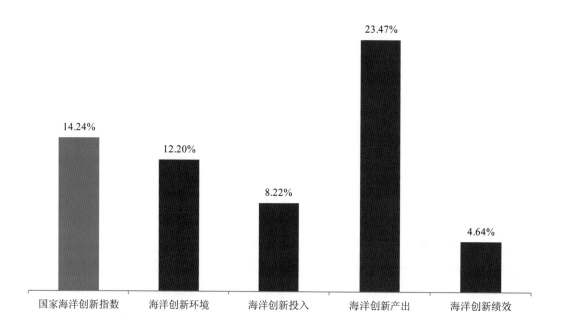

图3-11　2001—2013年国家海洋创新指数及分指数的年均增速

2001—2013年，我国海洋创新投入分指数平均增速为8.22%，除2010年出现1.33%的负增长外（见图3-12），其余各年增速均呈现正增长，充分体现了我国海洋创新资源投入持续增加的发展态势。海洋创新资源的大幅增长为我国海洋创新能力的提高和经济转型发展提供了根本保障。

我国海洋创新能力大幅提升的过程中，海洋创新产出分指数的贡献最大，年均增速达到23.47%，在4个分指数中最高（见图3-11）。表明我国的海洋科研能力迅速增强，海洋知识创造及其转化运用为海洋创新活动提供了强有力的支撑。海洋创新产出能力的提高为增强国家原始创新能力、提高自主创新水平提供了重要支撑。

促进海洋经济发展是开展海洋创新活动的最终目标，是进行海洋创新能力评估不可或缺的组成部分。从近年来的变化趋势来看，我国海洋创新绩效稳步提升。2001—2013年期间我国海洋创新绩效分指数年均增速达到4.64%，除2003年出现负增长外，其余各年均呈现正增长趋势，增速最高值出现在2008年，为7.92%。

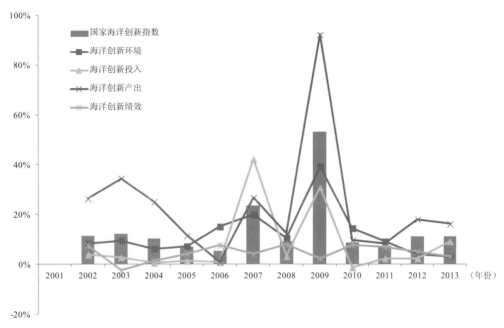

图3-12　国家海洋创新指数及分指数的历年增长速度

四、区域海洋创新指数评估分析

区域海洋创新是国家海洋创新的重要组成部分，其发展影响着国家海洋创新的格局。本报告对区域海洋创新的发展状况和特点进行分析，为我国海洋创新格局的优化提供数据基础和决策依据。

《推动共建丝绸之路经济带和21世纪海上丝绸之路的愿景与行动》中明确提出"利用长三角、珠三角、海峡西岸、环渤海等经济区开放程度高、经济实力强、辐射带动作用大的优势，加快推进中国（上海）自由贸易试验区建设，支持福建建设21世纪海上丝绸之路核心区"。从"一带一路"发展思路和我国沿海区域角度分析，近年我国沿海地区积极优化海洋经济总体布局，实行优势互补、联合开发，充分发挥环渤海经济区、长江三角洲经济区、海峡西岸经济区、珠江三角洲经济区和环北部湾经济区五个经济区[1][2]的引领作用，推进形成我国北部、东部和南部三个海洋经济圈[3]，促进沿海地区海洋经济与海洋科技的融合，提升海洋创新能力。

从我国沿海省（市）的区域海洋创新指数来看，2013年，我国11个沿海省（市）可分为四个梯次，第一梯次为上海，其区域海洋创新指数得分为68.33；第二梯次包括广东、天津、山东和辽宁，其区域海洋创新指数得分分别为58.87、52.59、52.37、43.84；第三梯次为江苏、福建、浙江和河北，其区域海洋创新指数得分分别为41.15、38.72、37.43、35.15；第四梯次为海南和广西，其区域海洋创新指数得分分别为26.79、21.25。

从五个经济区的区域海洋创新指数来看，2013年，海洋区域创新较强的地区主要集中在珠江三角洲经济区、长江三角洲经济区以及环渤海经济区的大部，这些地区均有区域创新中心，而且呈现多中心的发展格局。

---

① 本次评估仅包括我国大陆11个沿海省（市），不涉及香港、澳门、台湾。
② 环渤海经济区中纳入评估的沿海省（市）为辽宁、河北、山东、天津；长江三角洲经济区中纳入评估的沿海省（市）为江苏、上海、浙江；海峡西岸经济区中纳入评估的沿海省（市）为福建；珠江三角洲经济区中纳入评估的沿海省（市）为广东；环北部湾经济区中纳入评估的沿海省（市）为广西和海南。
③ 海洋经济圈分区依据是《全国海洋经济发展"十二五"规划》。北部海洋经济圈由辽东半岛、渤海湾和山东半岛沿岸及海域组成，即纳入评估的沿海省（市）包括天津、河北、辽宁和山东；东部海洋经济圈由江苏、上海、浙江沿岸及海域组成，即纳入评估的沿海省（市）包括江苏、浙江和上海；南部海洋经济圈由福建、珠江口及其两翼、北部湾、海南岛沿岸及海域组成，即纳入评估的沿海省（市）包括福建、广东、广西和海南。

从三个海洋经济圈的区域海洋创新指数来看，2013年，我国海洋经济圈呈现北部、东部较强而南部较弱的特点。北部海洋经济圈和东部海洋经济圈的区域海洋创新指数较高，表现出很强的原始创新能力，充分显示我国重要海洋人才集聚地和海洋经济产业重点发展区域的优势。

1. 从沿海省（市）看我国区域海洋创新发展

从整体来看，根据2013年区域海洋创新指数得分（见表4-1和图4-1），可将我国大陆11个沿海省（市）分为四个梯次（见图4-2）。

表4-1　2013年沿海省（市）区域创新指数与分指数得分

沿海省（市）	综合指数	分指数			
	区域海洋创新指数 a	海洋创新环境 b_1	海洋创新投入 b_2	海洋创新产出 b_3	海洋创新绩效 b_4
上海	68.33	63.34	63.61	58.29	88.08
广东	58.87	56.65	52.58	73.69	52.55
天津	52.59	56.42	55.10	28.16	70.68
山东	52.37	51.21	55.31	57.33	45.63
辽宁	43.84	26.77	56.08	62.37	30.12
江苏	41.15	28.12	63.15	35.46	37.86
福建	38.72	53.18	42.01	13.80	45.88
浙江	37.43	47.14	41.78	25.94	34.87
河北	35.15	46.28	41.62	40.17	12.51
海南	26.79	31.86	14.64	3.54	57.15
广西	21.25	45.01	21.74	10.25	7.97

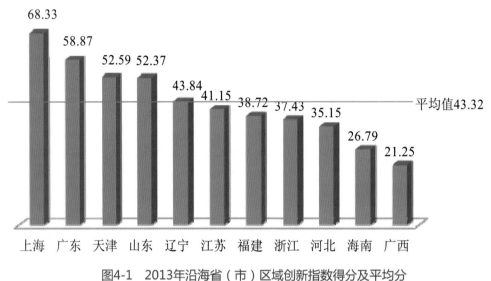

图4-1 2013年沿海省（市）区域创新指数得分及平均分

从区域海洋创新指数来看，第一梯次为上海，其区域海洋创新指数得分为68.33，相当于国内平均水平的1.58倍，位居我国大陆11个沿海省（市）首位。上海市海洋创新发展具备坚实的基础，表现出很强的海洋科技原始创新能力；第二梯次包括广东、天津、山东和辽宁，其区域海洋创新指数得分分别为58.87、52.59、52.37、43.84，高于11个沿海省（市）的平均得分43.32。这些地区有一定的海洋创新基础，长期以来积累了大量的创新资源，创新环境较好，创新投入产出成绩显著；第三梯次为江苏、福建、浙江和河北，其区域海洋创新指数得分分别为41.15、38.72、37.43、35.15，与平均得分相近。这些地区近年来海洋经济发展较快，创新投入不断加大，创新环境明显改善，创新产出与创新绩效都进步较快；第四梯次为海南和广西，其区域海洋创新指数得分分别为26.79、21.25，远低于国家的平均水平。横向比较来看，海南和广西海洋创新投入强度较低，创新产出效率不高，创新环境有待改善。

从海洋创新环境分指数来看，2013年，我国海洋创新环境分指数得分超过平均分的沿海省（市）为上海、广东、天津、福建、山东、浙江和河北（见图4-3）。其中，上海的区域海洋创新环境分指数得分为63.34，远高于其他地区，这主要得益于

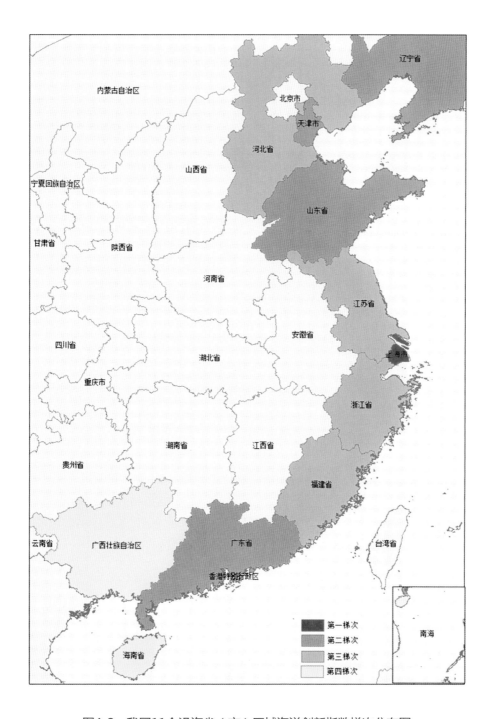

图4-2　我国11个沿海省（市）区域海洋创新指数梯次分布图

国家海洋创新指数试评估报告
2014

其较高的人均海洋生产总值和较好的海洋创新人才环境；广东和天津的区域海洋创新环境分指数得分分别为56.65、56.42，这两个地区分别拥有最优越的海洋创新人才环境和最高的人均海洋生产总值；福建和浙江拥有优良的海洋创新设备环境，其区域海洋创新环境分指数得分分别为53.18、47.14；山东和河北的区域海洋创新环境分指数得分分别为51.21和46.28，这两个地区分别拥有良好的海洋创新人才环境和资金环境。

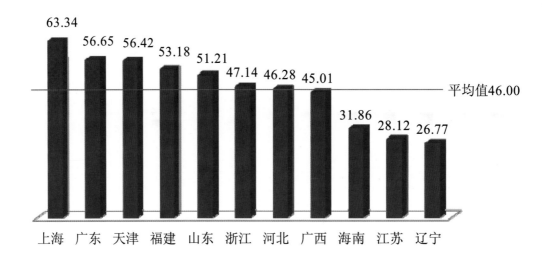

图4-3　2013年沿海省（市）区域海洋创新环境分指数得分及平均分

从海洋创新投入分指数来看，2013年，我国海洋创新投入分指数得分超过平均分的沿海省（市）为上海、江苏、辽宁、山东、天津和广东（见图4-4）。其中，上海和江苏的区域海洋创新投入分指数得分分别为63.61和63.15，远高于其他地区，上海对经费和人力的投入强度均位于11个沿海省（市）前列，而江苏则在科技活动人员的质量上占绝对优势；辽宁和山东的区域海洋创新投入分指数得分分别为56.08、55.31，这得益于人力资源投入；天津和广东的区域海洋创新投入分指数得分分别为55.10、52.58，高质量的海洋创新人才对得分贡献较大。

从海洋创新产出分指数来看，2013年，我国海洋创新产出分指数得分超过平均分的沿海省（市）为广东、辽宁、上海、山东、河北（见图4-5）。其中，广东的区域海洋创新产出分指数得分为73.69，远高于其他地区，这与广东高产出、高质量

60

的海洋科技著作和论文密不可分；辽宁的区域海洋创新产出分指数得分为62.37，拥有最密集的海洋科技发明专利；上海和山东的区域海洋创新产出分指数得分分别为58.29、57.33，这得益于其优质的海洋科技著作；河北的区域海洋创新产出分指数得分相对较低，为40.17，其在海洋科技著作和论文的发表数量上位居11个沿海省（市）前列，但论文的质量还有待增强。

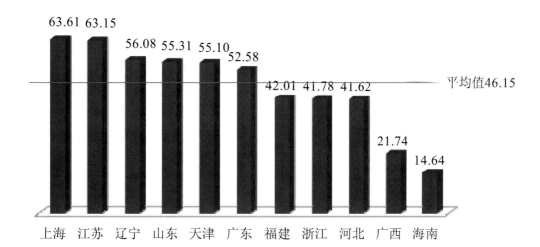

图4-4　2013年沿海省（市）区域海洋创新投入分指数得分及平均分

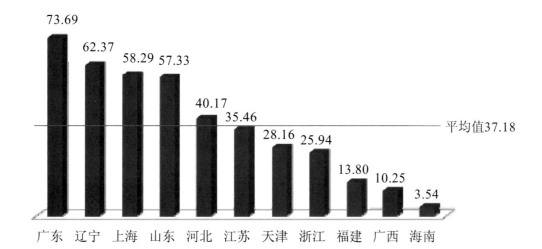

图4-5　2013年沿海省（市）区域海洋创新产出分指数得分及平均分

从海洋创新绩效分指数来看，2013年，我国海洋创新绩效分指数得分超过平均分的沿海省（市）为上海、天津、海南、广东、福建和山东（见图4-6）。其中，上海的区域海洋创新绩效分指数得分为88.08，主要原因在于劳动生产率远高于其他地区，且拥有良好的海洋经济产出；天津的区域海洋创新绩效分指数得分为70.68，紧随上海之后，这得益于其高效率的海洋经济产出；海南、广东、福建和山东的区域海洋创新绩效分指数得分分别为57.15、52.55、45.88、45.63，海洋创新绩效各方面良好，整体水平处于全国平均水平之上。

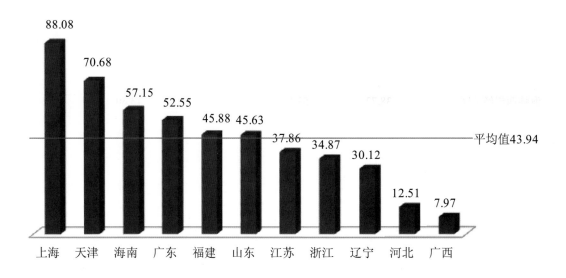

图4-6　2013年沿海省（市）区域海洋创新绩效分指数得分及平均分

2. 从五个经济区看我国区域海洋创新发展

针对环渤海经济区、长江三角洲经济区、海峡西岸经济区、珠江三角洲经济区和环北部湾经济区五个经济区，具体分析如下。

环渤海经济区是指环绕着渤海全部及黄海的部分沿岸地区所组成的广大经济区域，是我国东部的"黄金海岸"，具有相当完善的轻重工业基础、丰富的自然资源、雄厚的科技力量和便捷的交通条件，也是我国中西部发展的战略地区，在全国经济发展格局中占有举足轻重的地位。2013年，环渤海经济区的区域海洋创新指数为45.99（见表4-2和图4-7），总体高于11个沿海省（市）的平均水平，区域海洋创新环境和创新绩效在平均水平之下，海洋创新发展有提升的空间。

表4-2　2013年我国五个经济区区域海洋创新指数与分指数

经济区	综合指数	分指数			
	区域海洋创新指数 a	海洋创新环境 b_1	海洋创新投入 b_2	海洋创新产出 b_3	海洋创新绩效 b_4
环渤海经济区	45.99	45.17	52.03	47.01	39.73
长江三角洲经济区	48.97	46.20	56.18	39.90	53.60
海峡西岸经济区	38.72	53.18	42.01	13.80	45.88
珠江三角洲经济区	58.87	56.65	52.58	73.69	52.55
环北部湾经济区	24.02	38.44	18.19	6.89	32.56

长江三角洲经济区位于我国东部沿海、沿江地带交汇处，区位优势突出，经济实力雄厚。长江三角洲经济区以上海为核心，以技术型工业为主，技术力量雄厚，前景好，政府支持力度大，环境优越，教育发展好，人才资源充足，是我国最具有发展活力的地区。2013年，长江三角洲经济区的区域海洋创新指数为48.97，高于11个沿海省（市）的平均水平，优越的海洋创新环境和优质的海洋创新资源，为长江三角洲经济区海洋科技与经济发展创造了良好的条件，海洋创新成绩显著。

海峡西岸经济区是以福建为主体包括周边地区，南北与珠三角、长三角两个经济区衔接，东与台湾岛、西与江西的广大内陆腹地贯通，是具备独特优势的地域经济综合体，具有带动全国经济走向世界的特点。2013年，海峡西岸经济区的区域海洋创新指数为38.72，低于11个沿海省（市）的平均水平，区域海洋创新环境与海洋创新绩效高于平均水平，有着较好的发展潜质，创新投入与创新产出水平较低，海洋创新发展有待进一步的提高。

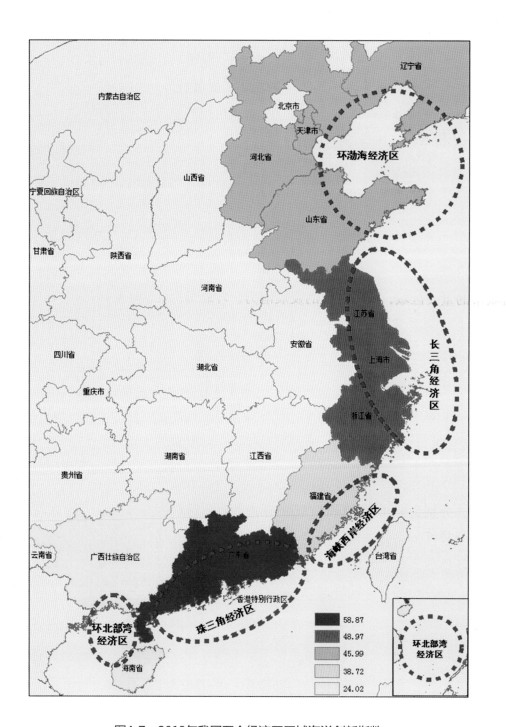

图4-7 2013年我国五个经济区区域海洋创新指数

珠江三角洲经济区主要包括我国大陆南部的广东省，与香港、澳门两大特别行政区接壤，科技力量与人才资源雄厚，海洋资源丰富，是我国经济发展最快的地区之一。珠江三角洲经济区的区域海洋创新指数为58.87，高于11个沿海省（市）的平均水平且在五个经济区中位居首位，海洋创新环境与创新投入均有着较高的水平，创新产出硕果累累，创新绩效成绩斐然。

环北部湾经济区地处华南经济圈、西南经济圈和东盟经济圈的结合部，是我国西部大开发地区唯一的沿海区域，也是我国与东盟国家既有海上通道、又有陆地接壤的区域，区位优势明显，战略地位突出。环北部湾经济区岸线、土地、淡水、海洋、农林、旅游等资源丰富，环境容量较大，生态系统优良，人口承载力较高，开发密度较低，是我国沿海地区规划布局新的现代化港口群、产业群和建设高质量宜居城市的重要区域，具有巨大的发展潜力。环北部湾经济区的区域海洋创新指数仅为全国平均创新指数的55.45%，创新指数的4个分指数均比较低，与长三角及珠江三角洲经济区的差距较大。

3. 从三个海洋经济圈看我国区域海洋创新发展

2013年，东部海洋经济圈的海洋创新指数为48.97，居三大海洋经济圈之首（见表4-3和图4-8）。4个分指数中得分较高的是海洋创新投入分指数和海洋创新绩效分指数，分别为56.18和53.60，两个分指数对该区域的海洋创新指数有较大的正贡献；得分较低的是海洋创新环境和海洋创新产出，分别为46.20和39.90，对区域的海洋创新指数呈现负效应。海洋创新投入和海洋创新绩效的较高得分充分说明该区域优势突出，经济实力雄厚，优质的海洋创新资源为区域海洋科技与经济发展创造了良好的条件。

表4-3　2013年我国三个海洋经济圈区域海洋创新指数与分指数

经济圈	综合指数	分指数			
	区域海洋创新指数 a	海洋创新环境 b_1	海洋创新投入 b_2	海洋创新产出 b_3	海洋创新绩效 b_4
北部海洋经济圈	45.99	45.17	52.03	47.01	39.73
东部海洋经济圈	48.97	46.20	56.18	39.90	53.60
南部海洋经济圈	36.41	46.68	32.74	25.32	40.89

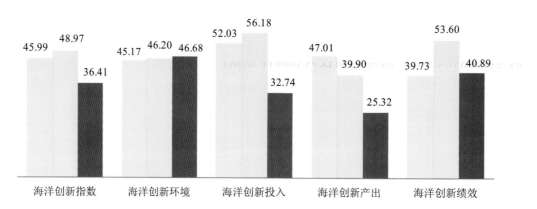

图4-8　2013年我国三个海洋经济圈海洋创新指数与分指数得分

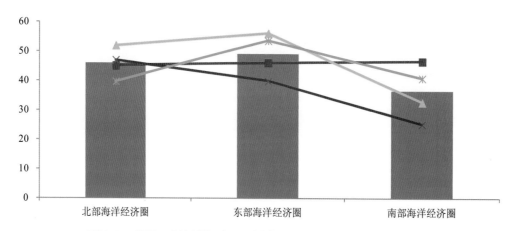

图4-9　我国三个海洋经济圈区域海洋创新指数与分指数关系图

北部海洋经济圈的海洋创新指数为45.99，得分在三大海洋经济圈居中。4个分指数中海洋创新投入和海洋创新产出对海洋创新指数有正贡献作用，其得分分别为52.03和47.01；海洋创新环境和海洋创新绩效的得分比较低，分别为45.17和39.73。北部海洋经济圈的海洋创新指数得分较低的原因主要在于海洋创新环境相对较弱，海洋创新发展有待进一步提高。值得注意的是，北部海洋经济圈的海洋创新产出分指数得分在三大经济圈中最高，得益于其"本年出版科技著作"等指标，说明北部海洋经济圈海洋科研产出能力和知识传播能力较强，尤其是出版的科技著作种类较多。

南部海洋经济圈的海洋创新指数为36.41，在三大海洋经济圈中最低。4个分指数得分差异化较大，其中，海洋创新环境和海洋创新绩效两个分指数得分较高，分别为46.68和40.89，海洋创新投入和海洋创新产出分指数得分较低，分别为32.74和25.32，是造成海洋创新指数较低的主要因素，在三大海洋经济圈中得分最低，说明南部海洋经济圈的创新效率和创新环境亟需提升，且提升空间较大。在以后的海洋创新发展过程中，需要进一步发挥珠江口及两翼的创新总体优势，带动福建、北部湾和海南岛沿岸发挥区位优势共同发展，使海洋创新驱动经济发展的模式辐射至整个南部海洋经济圈。

五、国际海洋创新发展态势分析

1. 国际海洋领域SCI论文增长态势

2013年，全球海洋领域SCI论文[①]数量继续保持增长。美国海洋领域SCI论文数量为2000篇，占到全球总量的29.65%，领先优势明显。我国论文数量达到925篇，占到全球总量的13.71%，仅次于美国，居全球第2位。2001年以来，世界各国海洋领域SCI论文数量总体呈现逐年增长态势，但在2005年与2010年论文数量较上一年有所下降，年均增长率3.22%，新兴国家增速明显快于发达国家。我国海洋领域SCI论文数量年增长率维持在25%左右，远远领先于其他国家，增长速度较快，但这也与我国早期论文数量基数较少有关。美国、英国、德国和法国等发达国家年均增速均低于全球平均水平，其占全球总量的比重相应地呈现逐年下降趋势（见图5-1）。

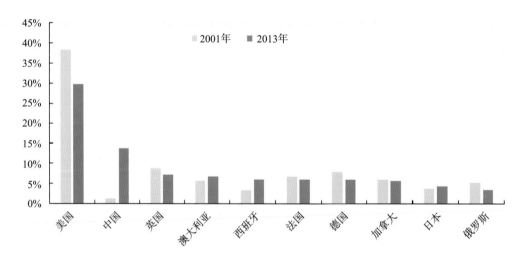

图5-1 主要国家2001年与2013年海洋领域SCI论文比重对比

我国海洋领域SCI论文在保持数量持续增长的同时，质量也在不断提高。2009—2013年我国海洋领域SCI论文被引次数达到14 901次，居世界第8位，逐步接近西班牙和加拿大，但与法国、英国、澳大利亚和德国仍有较大差距，远远落后于美国。2009—2013年我国海洋领域SCI论文被引次数年均增长较快，2009年发表文章被引次数年增长率在81.7%，同年其他国家海洋论文被引次数年增长率维持在50%左右（美国50.7%，法国45.8%，英国40.3%，德国44.9%，澳大利亚47.8%，加拿大

[①] 本部分"海洋领域SCI论文"是指以海洋学分类检索的各国的所有论文。

49%，西班牙56.1%），我国海洋领域SCI论文质量正在追赶发达国家水平。

2. 国际海洋领域研究热点前沿态势

利用研究论文的被引分析，可以筛选出学科的研究前沿，分析近5年的论文数据，筛选出目前国际上海洋研究热点前沿（《2014研究前沿》，中国科学院文献情报中心等，2014年10月），进行态势分析。

（1）海洋酸化对海洋生态系统的影响

海洋酸化对海洋生态系统的影响在近五年共有核心论文（ESI数据库中的高被引论文，即在同学科同年度中根据被引频次排在前 1% 的论文）24篇，共计被引2186次，核心论文的平均出版年在2009年。海洋大量吸收二氧化碳，对缓解全球变暖发挥重要作用，但是也带来了"海洋酸化"问题。海水酸性的增加，将改变海水的化学平衡，使依赖于化学环境稳定性的多种海洋生物乃至生态系统面临巨大威胁。海洋酸化对海洋生态系统的影响的研究热点主要集中在以下方面：

建立科学规范的海洋酸化监测和检测方法，对海洋化学、物理和生物等参数进行长期监测，建立海洋酸化预警系统。加州大学利用长期监测的珊瑚礁温度、pH值、碳酸盐等主要参数，建立了对应模型，未来将开发可以监测温度和海洋酸化对珊瑚礁压力的预警系统。美国国家海洋和大气管理局根据监测数据进行海洋酸化的评估，确定了全球海洋酸化的危险区。

不同生物、不同生理过程及不同生态过程对海洋酸化的响应研究。海洋酸化对海洋生物的影响研究此前较多地集中在珊瑚礁、贝类等生物，现在的研究范围已经逐步扩大。例如研究海洋酸化对一些浮游植物的促进作用、对于鱼类等大型海洋生物的不利影响、对于固氮细菌固氮行为的影响等。

不同尺度下的海洋酸化模型研究。研究单个生物体对海洋酸化的响应是预测未来海洋酸化变化的基础，但海洋酸化对于区域海洋以及全球海洋的影响，需要大型的研究团队和科学家进行合作支持，数据共享，并且需要持续的资金支持。美国国家海洋和大气管理局发布了美国西海岸海洋酸化数据网站，可以通过综合海洋观测

系统获取实时、在线的海洋酸化数据，包括二氧化碳浓度、盐度、水温等。英国国家海洋中心聚焦于海洋酸化对北极的影响，英国自然环境研究理事会也对于北极的海洋变化研究给予重大资助。

（2）全球海平面升高及其影响因素研究

全球海平面升高及其影响因素研究在近五年共有核心论文42篇，共计被引3870次，核心论文的平均出版年在2010年。在全球变暖的背景下，全球海平面上升已经成为影响海洋环境的重要问题之一。海平面上升是一个综合的多科学的研究，既是全球气候变化研究的重要内容，又是物理海洋和大气科学的研究热点，同时由于对未来人类生存和活动有重要影响，也是沿海经济和社会发展研究的重要问题。近年的研究热点主要集中在以下方面：

海平面上升的速度预测和模型建立。近百年以来，海平面上升速度总体上一直在增加，但具体增加速率一直没有定论。根据联合国政府间气候变化专门委员会（IPCC）《气候变化绿皮书：应对气候变化报告（2014）》（社科文献出版社，2014年11月），全球海平面在1901—2010年间平均累计上涨了0.19米。但Hay C C等的研究认为目前对于1900—1990年间海平面上升速率预测偏高，导致建立的模型预测不准，影响预测未来21世纪末海平面上升速率［Hay C C, Eric M, Kopp R E, et al. Probabilistic reanalysis of twentieth-century sea-level rise.[J]. Nature, 2015, 517(7535):481-484.］。

海平面上升对沿海环境的影响。海平面上升对沿海生活区、基础设施和潮间带生物栖息地有很大的影响，但是如何精确地预测以及建立准确的模型是目前研究的热点之一。利用模型得出准确数据，才能支持决策者进行科学合理规划。

海平面上升与厄尔尼诺现象、太平洋年代际振荡、黑潮等现象之间的关系。ENSO和PDO位相变化时，海平面变化的情况还需要进一步研究。

（3）海洋环境中的塑料微粒污染

海洋环境中塑料微粒污染研究在近五年共有17篇核心论文，共计被引1122次，核心论文平均出版年是 2011年。在 20 世纪 70 年代初期，海洋塑料垃圾首次被报道〔Carpenter E J, Smith K L. Plastics on the Sargasso sea surface.[J]. Science, 1972, 175(4027).〕。2011年起，联合国环境规划署（UNEP）开始持续关注海洋中的塑料垃圾，尤其是对微型塑料(micro-plastics)，海洋塑料污染已成为新的令人瞩目的焦点。目前海洋塑料污染主要研究热点如下：

目前全球海洋塑料污染的数量和范围。世界各地的海洋均已发现塑料垃圾，连极地地区也不例外，但目前对于进入海洋的塑料垃圾总量还没有准确的估值。美国斯克利普斯海洋研究所对2010年北太平洋的塑料垃圾密度进行监测，发现比20世纪70年代增加了100倍〔Goldstein M C, Rosenberg M, Cheng L. Increased oceanic microplastic debris enhances oviposition in an endemic pelagic insect[J]. Biology Letters, 2012, 8(5):817-820.〕。我国和澳大利亚也以密度方式监测了近海塑料垃圾污染。

塑料污染对海洋生物的影响。废弃的渔网和绳索等海洋塑料垃圾可能导致海洋生物的受伤和死亡，主要影响海鸟和海洋哺乳动物，但具体造成的影响范围还无法评估。微型塑料垃圾可能会被海洋生物摄食，导致生物摄食能力受损，影响海洋生物食物链和海洋生态环境。另外，塑料污染可能作为外来物种的媒介，潜在地增加海洋生物入侵机会。

此外，还有一些海洋领域和其他学科的交叉研究也是目前的研究热点。2011年东日本大地震与海啸观测研究，共有29篇核心论文，共计被引3697次，核心论文平均出版年是2011年。区域和全球冰川质量变化与气候变化的水文响应，共有20篇核心论文，共被引1651次，核心论文出版年是2011年。

3. 国际海洋领域专利增长态势

2001—2013年海洋领域专利受理量排名前五位的国家依次为中国、韩国、日本、美国和德国。2013年，我国海洋领域专利申请数量3780件，占世界总量的57.8%，专利授权数量3378件，占世界总量的65.8%，均领先于其他国家。

2001年以来，我国海洋领域国内发明专利申请量和授权量持续快速增长，专利申请量与授权量均保持在30%以上的增长率，表现出强劲的增长态势。在此期间，大多数国家的专利申请量和授权量呈现负增长，韩国和美国表现出增长的趋势，日本专利申请量和授权量呈下降态势。

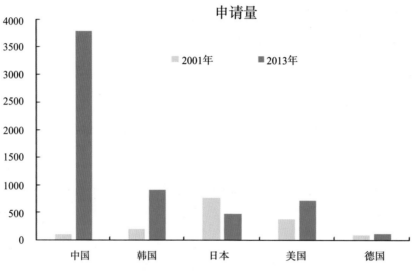

图5-2　主要国家国内发明专利申请量

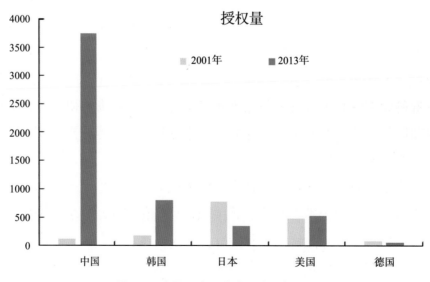

图5-3　主要国家国内发明专利授权量

4. 国际海洋领域专利技术研发态势

根据专利计量分析，海洋技术专利主要分布在船舶领域、污水和污泥污染处理、鱼类管理和养殖、食品或食料加工处理以及水利工程方面。结合当前海洋科技发展态势，针对深海采样系统技术相关专利、海洋观测相关专利两个方面具体分析其发展态势。

（1）深海采样系统技术相关专利

深海海洋采样系统技术专利自20世纪70年代稳定发展，2000年以后，研发明显加快，形成了一个快速增长的时期，专利总量也大幅上升。深海海洋采样系统技术专利主要国家有美国、中国、日本和俄罗斯等。这四个国家的专利申请量占到全部申请量的76.34%，具有明显的主导优势。其中美国的专利平均引用次数达到6.22次，远高于其他国家，这与美国该技术领域发展较早，在早期申请了大量专利有关。美国是以美国海军部为代表的军事机构以及部分企业为主导，我国是以大学和科研院所等科研机构为主导，日本则是以三菱集团等企业为主导，俄罗斯的大部分专利都是前苏联申请的。深海海洋采样系统技术国际上关注的重点领域主要在水样采集、保真采样技术方面。在专利技术保护策略与布局方面，各研发主体对专利技术的保护主要在本国市场。我国在2000年以后增长很快，专利申请数量迅速增加，仅次于美国。在华专利申请主要来自于我国内地，排名前三的机构分别是浙江大学、山东省科学院海洋仪器仪表研究所和国家海洋局第一海洋研究所，其中浙江大学在国内和国际上均具有专利数量优势。在华专利主要技术分支在水的化学物理性质分析、底泥的采集以及水样的采集等方向上。

国际热门技术依次是液体取样技术、外力底泥采样技术以及水物理化学性质测定技术，我国在这三项技术上并不占据优势，日本和俄罗斯在水物理化学性质测定技术以及水覆盖区域地球物理信息测定技术占据一定优势，并且日本在热门技术领域拥有专利上的数量优势，但我国和美国在热门技术领域发展均衡，各项技术均有涉及。

近三年比较受关注的技术主要有水底原装岩心取样装置、通过抽吸或者加压进行作业装置、活鱼捕集装置等，这些技术都是保真取样发展的新方向。科学技术不断发展，科学界对样品的要求越来越高，已经不满足于最初取到的样品，采集制备具有原始状态、能反映原位条件的样品已经成为采样技术发展的大方向，因此未来我国在深海海洋系统采样技术领域优先布局的技术方向应该是保真采样技术方向，像深海热液保真采样技术、海底沉积物保真采样技术以及压力补偿采样技术都是比较热门而且具有发展潜力的技术方向。

国内在深海海洋系统采样技术专利领域起步较晚，2000年以后才开始迅速发展，以大学和科研机构主导。我国应当积极借鉴国外目前比较成熟的技术，弥补基础技术落后的局面，同时也应该保持目前迅速发展的势头，在新领域和新的技术上突破创新。根据分析结果，供参考的研发重点有：土层和岩石的原位采集；活体鱼类的捕集；底泥土壤的挖掘；水下雷达回波信号分析；生物化学中涉及酶以及核酸等。

（2）海洋观测技术专利发展态势

海洋观测技术是一项极其复杂的综合性技术系统，发展海洋观测技术可以带动诸多相关技术的发展。也正因如此，开展海洋观测技术需要强大的国家经济实力作为后盾，纵观国际上海洋观测发展较为先进的国家，无一例外都拥有强大的国家经济支持。美国、加拿大、日本以及欧洲等国家为维护自身海洋利益，分别建成了众多海底观测网络和其他观测设施，这些观测设施极大地促进了各国的海洋科学研究的发展，是这些国家长期引领国际海洋学研究的重要基础支撑。随着我国综合国力的不断提升，我国已经初步具备了大规模开展海洋观测技术研究和实践的经济基础。另一方面，我国在海洋观测技术方面的自主研发实力非常薄弱，我国要想从根本上提升深海研究和海洋资源开发利用的能力，必须从自主研发相关观测仪器开始，坚定地将海洋科技发展的重点放在海洋观测技术上，长期投入必然能够收到良好的效果。海洋观测技术的热点目前主要有以下几方面：

海洋通讯技术。在深海和远洋的观测领域，海洋通讯技术具有重要实用价值和战略意义。目前，这方面热点主要包括原始信号的处理方面，以及信号监测或者断层信号测量方面。

海底摄像、成像技术。目前ROV技术逐步发展成熟，探索深海已经成为新的热点。但是载人深潜器资金耗费金额较大，利用ROV获得的海底影像则成为重要的研究资料。图像数据处理技术、图像数据采集等仪器制造技术是两个比较显著的研究热点。

传感器的制造技术。目前海洋研究的范围进一步扩大，区域和全球尺度的研究需要大量的实测数据来支持模型模拟。ARGO全球海洋观测网对于海洋科技研究的发展非常重要，但目前的数据要求越来越高，对于浮标所携带的传感器提出了新的要求，需要大量的技术创新来实现。

六、我国海洋创新能力的进步与展望

习近平总书记在中共中央政治局第八次集体学习时强调"要发展海洋科学技术，着力推动海洋科技向创新引领型转变。要依靠科技进步和创新，努力突破制约海洋经济发展和海洋生态保护的科技瓶颈，要搞好海洋科技创新总体规划"。创新是引领经济增长最为重要的引擎，海洋创新更是指导海洋事业不断突破、实现海洋经济稳步健康发展的重要支撑。

从纵向历史比较看，我国在海洋创新环境、海洋创新投入、海洋创新产出、海洋创新绩效分指数上均呈现出明显的上升态势，国家海洋创新指数的显著上升也充分证明了这一演变趋势，2001—2013年期间的年均增速为14.24%。充分说明：我国海洋科技整体实力和竞争力不断增强，自主创新能力持续提高，海洋创新投入和知识产出规模大幅增长，海洋创新绩效日益凸显，海洋创新环境不断完善。

国家海洋创新能力与海洋经济发展相辅相成，海洋经济为海洋科技研发提供更为充足的资金保障，从而提高海洋资源利用效率；海洋科技的进步和创新能力的提高，又促进海洋经济和国民经济的增长。2001—2013年期间国家海洋创新指数、海洋生产总值和国内生产总值的增长速度均呈现不规则的波动（见图6-1），但年均增速十分接近，分别为14.24%、15.77%和14.79%（见表6-1）。国家海洋创新指数增速在2009年出现波峰，而海洋生产总值和国内生产总值却跌入波谷。原因在于，2008年年底国际金融危机给我国国民经济和海洋经济带来了很大程度的负面冲击，但是国家通过推动海洋创新，鼓励技术创新，提升科技水平，形成了技术水平更高、产业结构更合理的海洋经济形态。因此，在金融危机负面影响逐渐消退、宏观经济形势回温的有力外部环境下，2009—2013年期间，国家海洋创新指数及其增长速度恢复了平稳上升趋势，促使海洋生产总值和国内生产总值增速逐渐回升。此外，在2012—2013年期间，海洋生产总值和国内生产总值的年增长率出现同步回落的趋势，国家海洋创新指数却略显上升，表明我国海洋创新能力的提高，需要与海洋经济发展相互关联，适应海洋经济、国家经济发展的需求。同时，2012—2013年国家海洋创新指数、海洋生产总值和国内生产总值的增速十分接近，不存在之前年度的较大差异，说明国家海洋创新能力基本与海洋经济发展水平保持一致，海洋创新对经济的贡献能力也同步前进。

表6-1　国家海洋创新指数、海洋生产总值与国内生产总值增速

年份	国家海洋创新指数增速	海洋生产总值增速	国内生产总值增速
2001	-	-	-
2002	11.57%	18.41%	9.74%
2003	12.14%	6.05%	12.87%
2004	10.41%	22.67%	17.71%
2005	7.16%	20.42%	15.67%
2006	5.42%	22.30%	16.97%
2007	23.39%	18.65%	22.88%
2008	9.36%	16.00%	18.15%
2009	53.11%	8.61%	8.55%
2010	8.71%	22.60%	17.78%
2011	7.42%	14.97%	17.83%
2012	11.10%	10.00%	9.69%
2013	11.04%	8.53%	9.62%
平均增速	14.24%	15.77%	14.79%

《国家"十二五"海洋科学和技术发展规划纲要》和《全国海洋经济发展"十二五"规划》等规划对"十二五"期间的海洋创新发展提出明确的目标要求，旨在引领"十二五"的我国海洋创新发展。在"十二五"末，对这些目标实现情况进行数据分析是检验国家海洋创新能力发展情况的重要途径。可根据"十二五"前期的多个数据和指标进行历史趋势分析，以全面回顾我国海洋创新的发展状况，具体见图6-1和表6-2。

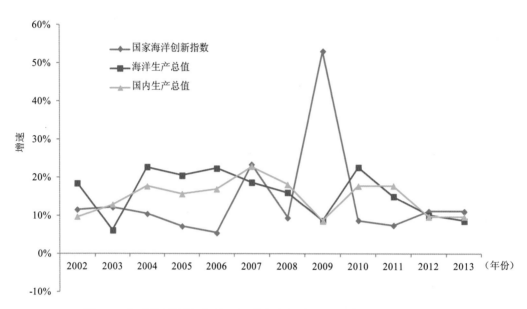

图6-1 国家海洋创新指数、海洋生产总值、国内生产总值增速趋势图

2013年，海洋生产总值占国内生产总值比重达到9.55%、海洋科技进步贡献率达到60.88%、科技创新成果转化率达到49.18%，发展态势良好，根据趋势预测分析，在"十二五"末，将顺利实现预期规划目标。

表6-2 国家海洋"十二五"规划主要指标完成情况

主要指标	"十一五"	"十二五"目标	实际情况	完成情况
海洋生产总值占国内生产总值比重		10%	9.55%（2011—2013年）	十分接近
海洋科技进步贡献率	54.50%	>60%	60.88%（2006—2013年）	完成
海洋科技成果转化率		>50%	49.18%（2000—2013年）	十分接近

展望未来，应进一步加大海洋创新资源投入力度，同时注重海洋创新的效率问题，发挥海洋创新的支撑引领作用，转变海洋经济发展方式，推动海洋经济转型升级，依靠海洋科技突破经济社会发展中的能源、资源与环境约束，让海洋创新成为驱动海洋经济发展与转型升级的核心力量，为海洋强国建设提供充足的知识储备和坚实的技术基础。

附　录

附录一　国家海洋创新指数指标体系

1. 国家海洋创新指数内涵

国家海洋创新指数是指衡量一国海洋创新能力，切实反映一国海洋创新质量和效率的综合性指数。国家海洋创新指数评估借鉴国内外关于国家竞争力和创新评估等理论与方法，基于创新型海洋强国的内涵分析，确定指标选择原则，从海洋创新环境、海洋创新投入、海洋创新产出和海洋创新绩效4个方面构建了国家海洋创新指数的指标体系，力求全面、客观、准确地反映我国海洋创新能力在创新链不同层面的特点，形成一套比较完整的指标体系和评估方法。通过指数测度，为综合评估创新型海洋强国建设进程，完善海洋科技创新政策提供支撑和服务。

2. 创新型海洋强国内涵

我国要建设海洋强国，亟需推动海洋科技向创新引领型转变。国际历史经验表明，海洋科技发展是实现海洋强国的根本保障，通过大力发展海洋科学技术，建立国家海洋创新综合评估指标体系，从战略高度审视我国海洋发展动态，强化海洋基础研究和人才团队建设，为经济社会各方面提供决策支持。

国家海洋创新指数评估将有利于国家和地方政府及时掌握海洋科技发展战略实施进展及可能出现的问题，为进一步采取对策提供基本信息；有利于国际、国内公众了解我国海洋事业取得的进展、成就、趋势及存在的问题；有利于企业和投资者研判我国海洋领域的机遇与风险；有利于为从事海洋领域研究的学者和机构提供有关信息。

纵观我国海洋经济的发展历程，大体经历了"三个阶段"：资源依赖阶段、产业规模粗放扩张阶段、由量向质转变阶段。海洋科技的飞速发展，推动新型海洋产业规模不断发展扩大，成为海洋经济新的增长点。我国海域辽阔、海洋资源丰富，但是多年的粗放式发展使得资源环境问题日益突出，制约了海洋经济的进一步发展。因此，只有不断地进行海洋创新，才能促进海洋经济的健康发展，步入"创新型海洋强国"行列。

"创新型海洋强国"的最主要特征是国家海洋经济社会发展方式与传统的发展模式相比发生了根本的变化。创新型海洋强国的判别应主要依据海洋经济增长是主要依靠要素（传统的海洋资源消耗和资本）投入来驱动，还是主要依靠以知识创造、传播和应用为标志的创新活动来驱动。

创新型海洋强国应具备4个方面的能力：

（1）具有良好的海洋创新环境；

（2）具有较高的海洋创新资源综合投入能力；

（3）具有较高的海洋知识创造与扩散应用能力；

（4）具有较高的海洋创新产出影响表现能力。

3. 指标选择原则

（1）评估思路体现海洋可持续发展思想。不仅要考虑海洋创新支持和整体发展环境，还要考虑经济发展与知识成果可持续性等指标，同时兼顾指数的时间过程展示。

（2）数据来源具有权威性。基本数据必须来源于公认的国家官方统计和调查。通过正规渠道定期搜集，确保基本数据的准确性、权威性、持续性和及时性。

（3）指标具有科学性、现实性和可扩展性。海洋创新指数与各项分指数之间逻辑关系严密，分指数的每一指标都能体现科学性和客观现实性思想，尽可能减少人为合成指标，各指标均有独特的宏观表征意义，定义相对宽泛，并非对应唯一狭义数据，便于指标体系的扩展和调整。

（4）评估体系兼顾我国海洋区域特点。选取指标以相对指标为主，兼顾不同区域在海洋创新投入产出效率、创新活动规模和创新领域广度上的不同特点。

（5）纵向分析与横向比较相结合。既有纵向的历史发展轨迹回顾分析，也有横向的各沿海区域比较、各经济区比较、各经济圈比较和国际比较。

4. 指标体系构建

创新是从创新概念提出到研发、知识产出再到商业化应用转化为经济效益的完整过程。海洋创新能力体现在海洋科技知识的产生、流动和转化为经济效益的整个过程中。应该从海洋创新环境、创新资源的投入、知识创造与应用、绩效影响等整个创新链的主要环节来构建指标，评估国家海洋创新能力。

本报告采用综合指数评估方法，从创新过程选择分指数，最终确定了海洋创新环境、海洋创新投入、海洋创新产出和海洋创新绩效4个分指数；遵循指标的选取原则，选择20个指标（见附表1）形成国家海洋创新指数评估指标体系，指标均为正向指标；再利用国家海洋创新综合指数及其指标体系对我国海洋创新能力进行综合分析、比较与判断。

海洋创新环境：反映一个国家海洋创新活动所依赖的外部环境，主要包括相关海洋制度创新和环境创新。其中，制度创新的主体是政府等相关部门，主要体现在政府对创新的政策支持、对创新的资金支持和知识产权管理等方面；环境创新主要指创新的配置能力、创新基础设施、创新基础经济水平、创新金融及文化环境等。

海洋创新投入：反映一个国家海洋创新活动的投入力度，创新型人才资源供给能力以及创新所依赖的基础设施投入水平。创新投入是国家海洋创新活动的必要条件，包括科技资金投入和人才资源投入等。

海洋创新产出：反映一个国家的海洋科研产出能力和知识传播能力。海洋创新产出的形式多种多样，产生的效益也是多方面的，本报告主要从海洋发明专利和科技论文等角度考虑海洋创新的知识积累效益。

海洋创新绩效：反映一个国家开展海洋创新活动所产生的效果和影响。海洋创新绩效分指数从国家海洋创新的效率和效果两个方面选取指标。

附表1 国家海洋创新指数指标体系

综合指数	分指数	指标	
国家海洋创新指数 A	海洋创新环境 B_1	1.沿海地区人均海洋生产总值	C_1
		2.R&D经费中设备购置费所占比重	C_2
		3.海洋科研机构科技经费筹集额中政府资金所占比重	C_3
		4.海洋专业大专及以上应届毕业生人数	C_4
	海洋创新投入 B_2	5.研究与发展经费投入强度	C_5
		6.研究与发展人力投入强度	C_6
		7.科技活动人员中高级职称所占比重	C_7
		8.科技活动人员占海洋科研机构从业人员的比重	C_8
		9.万名科研人员承担的课题数	C_9
	海洋创新产出 B_3	10.亿美元经济产出的发明专利申请数	C_{10}
		11.万名R&D人员的发明专利授权数	C_{11}
		12.本年出版科技著作	C_{12}
		13.万名科研人员发表的科技论文数	C_{13}
		14.国外发表的论文数占总论文数的比重	C_{14}
	海洋创新绩效 B_4	15.海洋科技成果转化率	C_{15}
		16.海洋科技进步贡献率	C_{16}
		17.海洋劳动生产率	C_{17}
		18.科研教育管理服务业占海洋生产总值比重	C_{18}
		19.单位能耗的海洋经济产出	C_{19}
		20.海洋生产总值占国内生产总值的比重	C_{20}

附录二 国家海洋创新指数指标解释

C1. 沿海地区人均海洋生产总值

按沿海地区人口平均的海洋生产总值，它在一定程度上反映了沿海地区人民生活水平的一个标准，可以衡量海洋生产力的增长情况和海洋创新活动所处的外部环境。

C2. R&D 经费中设备购置费所占比重

海洋科研机构的R&D经费中设备购置费所占比重，反映海洋创新所需的硬件设备条件，一定程度上反映海洋创新的硬环境。

C3. 海洋科研机构科技经费筹集额中政府资金所占比重

反映政府投资对海洋创新的促进作用及海洋创新所处的制度环境。

C4. 海洋专业大专及以上应届毕业生人数

反映一个国家海洋科技人力资源培养与供给能力。

C5. 研究与发展经费投入强度

海洋科研机构的R&D经费占国内海洋生产总值比重，也就是国家海洋研发经费投入强度指标，反映国家海洋创新资金投入强度。

C6. 研究与发展人力投入强度

每万名涉海就业人员中R&D人员数，反映一个国家创新人力资源投入强度。

C7. 科技活动人员中高级职称所占比重

海洋科研机构内从业人员中高级职称人员所占比重，反映一个国家海洋科技活动的顶尖人才力量。

C8. 科技活动人员占海洋科研机构从业人员的比重

海洋科研机构内从业人员中科技活动人员所占比重，反映一个国家海洋创新活动科研力量的强度。

C9. 万名科研人员承担的课题数

平均每万名科研人员承担的国内课题数，反映海洋科研人员从事创新活动的强度。

C10. 亿美元经济产出的发明专利申请数

一国海洋发明专利申请数量除以海洋生产总值（以汇率折算的亿美元为单位）。该指标反映了相对于经济产出的技术产出量和一个国家的海洋创新活动的活跃程度。三种专利（发明专利、实用新型专利和外观设计专利）中发明专利技术含量和价值最高，发明专利申请数可以反映一个国家的海洋创新活动的活跃程度和自主创新能力。

C11. 万名 R&D 人员的发明专利授权数

平均每万名R&D人员的国内发明专利授权量，反映一个国家自主创新能力和技术创新能力。

C12. 本年出版科技著作

指经过正式出版部门编印出版的科技专著、大专院校教科书、科普著作。只统计本单位科技人员为第一作者的著作。同一书名计为一种著作，与书的发行量无关，反映一个国家海洋科学研究的产出能力。

C13. 万名科研人员发表的科技论文数

平均每万名科研人员发表的科技论文数，反映科学研究的产出效率。

C14. 国外发表的论文数占总论文数的比重

一国发表的科技论文中，在国外发表的论文所占比重，可反映科技论文相关研究的国际化水平。

C15. 海洋科技成果转化率

衡量海洋科技创新成果转化为商业开发产品的指数，是指为提高生产力水平而对科学研究与技术开发所产生的具有实用价值的海洋科技成果所进行的后续试验、开发、应用、推广直至形成新产品、新工艺、新材料、发展新产业等活动占海洋科技成果总量的比值。

C16. 海洋科技进步贡献率

海洋科技进步贡献率的定义应以海洋科技进步增长率的定义为基础，是指在海洋经济各行业中，海洋科技进步增长率在整个海洋经济增长率中所占的比例。而海洋科技进步增长率则是指人类利用海洋资源和海洋空间进行各类社会生产、交换、分配和消费等活动时，剔除资金和劳动等生产要素以外其他要素的增长，具体是指由技术创新、技术扩散、技术转移与引进引起的装备技术水平的提高、技术工艺的改良、劳动者素质的提升以及管理决策能力的增强等。

C17. 海洋劳动生产率

采用涉海就业人员的人均海洋生产总值，反映海洋创新活动对海洋经济产出的作用。

C18. 科研教育管理服务业占海洋生产总值比重

反映海洋科研、教育、管理及服务等活动对海洋经济的贡献程度。

C19. 单位能耗的海洋经济产出

采用万吨标准煤能源消耗的海洋生产总值，用来测度海洋创新带来的减少资源消耗的效果，也反映一个国家海洋经济增长的集约化水平。

C20. 海洋生产总值占国内生产总值的比重

反映海洋经济对国民经济的贡献，用来测度海洋创新对海洋经济的推动作用。

附录三　国家海洋创新指数评估方法

国家海洋创新指数的计算方法采用国际上流行的标杆分析法，即洛桑国际竞争力评价采用的方法。标杆分析法是目前国际上广泛应用的一种评估方法，其原理是：对被评估的对象给出一个基准值，并以此标准去衡量所有被评估的对象，从而发现彼此之间的差距，给出排序结果。

采用海洋创新评估指标体系中的指标，利用2001—2013年指标数据，分别计算以后各年的海洋创新指数与分指数得分，与基年比较即可看出国家海洋创新指数增长情况。

1. 原始数据标准化处理

设定2001年为基准年，基准值为100。对国家海洋创新指数指标体系中20个指标的原始值进行标准化处理。具体操作为：

$$C_j^t = \frac{100x_j^t}{x_j^1}$$

式中，j=1～20为指标序列号；t=1～13为2001—2013年编号；x_j^t表示各年各项指标的原始数据值（x_j^1表示2001年各项指标的原始数据值）；C_j^t表示各年各项指标标准化处理后的值。

2. 国家海洋创新分指数测算

采用等权重①（下同）测算各年国家海洋创新指数分指数得分。

当i=1时，$B_1^t = \sum_{j=1}^{4} \beta_1 C_j^t$，其中$\beta_1 = \frac{1}{4}$；

当i=2时，$B_2^t = \sum_{j=5}^{9} \beta_2 C_j^t$，其中$\beta_2 = \frac{1}{5}$；

当i=3时，$B_3^t = \sum_{j=10}^{14} \beta_3 C_j^t$，其中$\beta_3 = \frac{1}{5}$；

当i=4时，$B_4^t = \sum_{j=15}^{20} \beta_4 C_j^t$，其中$\beta_4 = \frac{1}{6}$。

---

① 采用《国家创新指数报告2014》的权重选取方法，取等权重。

式中，$i=1 \sim 4$；$t=1 \sim 13$；B_1^t、B_2^t、B_3^t、B_4^t依次代表各年海洋创新环境分指数、海洋创新投入分指数、海洋创新产出分指数和海洋创新绩效分指数的得分。

3. 国家海洋创新指数测算

采用等权重（同上）测算国家海洋创新指数得分。

$$A^t = \sum_{i=1}^{4} \varpi B_i^t$$

式中，$i=1 \sim 4$；$t=1 \sim 13$；ω为权重（等权重为$\frac{1}{4}$）；A^t为各年的国家海洋创新指数得分。

附录四　区域海洋创新指数评估方法

1. 区域海洋创新指数指标体系说明

区域海洋创新指数的指标体系与国家海洋创新指数指标体系基本一致，分为海洋创新环境分指数、海洋创新投入分指数、海洋创新产出分指数和海洋创新绩效分指数。其中，区域海洋创新绩效分指数相比于国家海洋创新绩效分指数，缺少"海洋科技进步贡献率"和"海洋科技成果转化率"两个指标。

2. 原始数据归一化处理

对2013年18个指标的原始值分别进行归一化处理。归一化处理是为了消除多指标综合评估中，计量单位的差异和指标数值的数量级、相对数形式的差别，解决数据指标的可比性问题，使各指标处于同一数量级，便于进行综合对比分析。

指标数据处理采用直线型归一化方法，即

$$c_j = \frac{y_j - \min y_j}{\max y_j - \min y_j}$$

式中，$j=1\sim18$为指标序列号；y_j表示各项指标的原始数据值；c_j表示各项指标归一化处理后的值。

3. 区域海洋创新分指数计算

区域海洋创新环境分指数得分 $b_1 = 100 \times \sum\limits_{j=1}^{4} \varphi_1 c_j$，其中 $\varphi_1 = \dfrac{1}{4}$；

区域海洋创新投入分指数得分 $b_2 = 100 \times \sum\limits_{j=5}^{9} \varphi_2 c_j$，其中 $\varphi_2 = \dfrac{1}{5}$；

区域海洋创新产出分指数得分 $b_3 = 100 \times \sum\limits_{j=10}^{14} \varphi_3 c_j$，其中 $\varphi_3 = \dfrac{1}{5}$；

区域海洋创新绩效分指数得分 $b_4 = 100 \times \sum\limits_{j=15}^{18} \varphi_4 c_j$，其中 $\varphi_4 = \dfrac{1}{4}$。

式中，$j=1 \sim 18$；b_1、b_2、b_3、b_4依次代表区域海洋创新环境分指数、海洋创新投入分指数、海洋创新产出分指数和海洋创新绩效分指数的得分。

4. 区域海洋创新指数计算

采用等权重（同国家海洋创新指数）测算区域海洋创新指数得分。

$$a = \frac{1}{4}(b_1 + b_2 + b_3 + b_4)$$

式中，a为区域海洋创新指数得分。

附录五　海洋科技进步贡献率测算方法

科技进步贡献率是指科技进步对经济增长的贡献份额，它是衡量区域科技竞争实力和科技转化为现实生产力水平的综合性指标。

科技进步对经济增长的贡献作用，理论上是一种内含的扩大再生产，其原理可以理解为：一定数量生产要素的组合生产出更多产品（使用价值）的所有因素共同发生作用的过程。具体可概括为提高装备技术水平、改良工艺、提高劳动者素质、提高管理决策水平等几方面，即在影响经济增长的诸因素中，剔除资金和劳动要素对经济增长的贡献后的部分都称为综合要素贡献。宏观经济学认为，除劳动和资本要素投入外，唯有技术水平提高能在中长期促进经济增长。因此，中长期的综合要素贡献可以被称为科技进步贡献。

具体到海洋上来讲，海洋科技进步贡献率的定义应以海洋科技进步增长率的定义为基础。所谓海洋科技进步增长率，是指人类利用海洋资源和海洋空间进行各类生产、服务活动时，在海洋中或以海洋资源为对象进行社会生产、交换、分配和消费等活动时，剔除资金和劳动等生产要素增长对海洋经济增长率的贡献以外的部分。而该海洋科技进步增长率在海洋经济增长率中所占的份额，就是海洋科技进步贡献率。其在经济学上的涵义是指海洋经济各行业中，一定数量生产要素的组合生产出更多产品（使用价值）的所有因素共同发生作用的过程。也可理解为在海洋经济增长中，除资本和劳动等固定要素外，其他要素增长所占的份额。

从理论角度分析，海洋科技进步贡献率一般应具有以下特点：

（1）对经济的影响是长期的，测算时间在10年以上为妥，最少5年；

（2）相对于劳动和资本，它对产出的影响是间接的；

（3）相对于劳动和资本，科技的投入与产出往往不成比例；

（4）可从广义理解，也可从狭义理解，其边界不清楚。

目前，进行科技进步贡献率测算广泛而常用的方法是索洛余值法，这也是国家发改委（原计委）、国家统计局及科技部等系统普遍使用的方法。

索洛余值法以柯布—道格拉斯生产函数作为基础模型，该方法表明了经济增长除了取决于资本增长率、劳动增长率以及资本和劳动对收入增长的相对作用的权数以外，还取决于技术进步，区分了由要素数量增加而产生的"增长效应"和因要素技术水平提高而带来经济增长的"水平效应"，系统地解释了经济增长的原因。

由于海洋经济涉及多个行业和部门，且各行业和部门的资本、劳动要素投入在时间序列上有着各自的特点，为更好地反映海洋领域各行业的科技进步对海洋经济整体的综合贡献，得出更为准确的测算结果，本次测算按照各行业经济总产值在海洋经济整体中所占的比重，将各行业的科技进步在增长速度测算阶段进行汇总加权，得出海洋科技进步增长率，并进一步测算得出海洋科技进步贡献率。

根据《中国海洋统计年鉴2014》，2013年我国主要海洋产业包括海洋渔业（17.07%）、海洋油气业（7.26%）、海洋矿业（0.22%）、海洋盐业（0.24%）、海洋船舶工业（5.21%）、海洋化工业（4.00%）、海洋生物医药业（0.99%）、海洋工程建筑业（7.41%）、海洋电力业（0.38%）、海水利用业（0.05%）、海洋交通运输业（22.53%）和滨海旅游业（34.62%）十二大产业。经初步筛选和可行性分析，确定数据可支持的8个可测算行业包括：海水养殖、海洋捕捞、海洋盐业、海洋船舶、海洋石油、海洋天然气、海洋交通运输、滨海旅游。以上八个海洋产业的产值总和约占主要海洋产业总值的86.95%，基本能够有效地反映我国海洋经济发展情况。

根据"十一五"期间各产业的产出情况，确定其权重值（见附表2）。

附表2 各产业权重值

产业	权重	产业	权重
海洋养殖	0.1054	海洋石油业	0.0705
海洋捕捞	0.0956	海洋天然气	0.0045
海洋盐业	0.0046	海洋交通运输	0.3069
海洋船舶	0.0704	滨海旅游业	0.3421

令第 i 个产业（$i=1，2，3，\cdots，8$）分别代表海洋养殖、海洋捕捞、海洋盐业、海洋船舶、海洋石油、海洋天然气、海洋交通运输、滨海旅游8个行业：

E：研究期内的海洋科技进步贡献率；

$y_i(t)$：第i产业t期的产出增长率，其中$t \in [t_1, t_2]$；

$k_i(t)$与$l_i(t)$分别表示t期的资本与劳动投入增长率，其中$t \in [t_1, t_2]$；

α与β分别表示海洋产业资本和劳动的弹性系数；

γ_i代表第i产业在总海洋产业中的权重。

k_i，l_i，y_i分别表示$k_i(t)$，$l_i(t)$，$y_i(t)$研究区间t_1至t_2内的平均值，即：

$$k_i = \frac{\sum_{t=t_1}^{t_2} k_i(t)}{n} \ , \qquad l_i = \frac{\sum_{t=t_1}^{t_2} l_i(t)}{n} \ , \qquad y_i = \frac{\sum_{t=t_1}^{t_2} y_i(t)}{n}$$

其中，$n = t_2 - t_1$。

k，l，y分别表示k_i，l_i，y_i的加权平均值，即

$$k = \sum_{i=1}^{8} k_i \gamma_i \ , \qquad l = \sum_{i=1}^{8} l_i \gamma_i \ , \qquad y = \sum_{i=1}^{8} y_i \gamma_i$$

由此可得出公式：

$$E = 1 - \frac{\alpha k}{y} - \frac{\beta l}{y} = 1 - \frac{\alpha \sum_{i=1}^{8} k_i \gamma_i}{\sum_{i=1}^{8} y_i \gamma_i} - \frac{\beta \sum_{i=1}^{8} l_i \gamma_i}{\sum_{i=1}^{8} y_i \gamma_i}$$

$$= 1 - \frac{\alpha \sum_{i=1}^{8} \dfrac{\sum_{i=t_1}^{t_2} k_i(t)}{n}}{\sum_{i=1}^{8} \dfrac{\sum_{i=t_1}^{t_2} y_i(t)}{n} \gamma_i} - \frac{\beta \sum_{i=1}^{8} \dfrac{\sum_{i=t_1}^{t_2} l_i(t)}{n}}{\sum_{i=1}^{8} \dfrac{\sum_{i=t_1}^{t_2} y_i(t)}{n} \gamma_i}$$

将各产业的基准数据代入海洋科技进步贡献率公式，经调整和验证，得出我国"十一五"期间海洋科技进步贡献率的平均值为54.40%，2006—2013年期间海洋科技进步贡献率的平均值为60.88%（见附表3）。

附表3　海洋科技进步贡献率测算值

年份	产出增长率(%)	资本增长率(%)	劳动增长率(%)	海洋科技进步贡献率(E)(%)
2006—2010	12.86	10.10	4.05	54.40
2006—2013	11.27	7.36	3.14	60.88

附录六　海洋科技成果转化率测算方法

近年来，关于科技成果转化率的研究逐渐增多，但对于科技成果转化率涵义的界定却不尽相同，主要可归纳为以下3种情况。

第一种观点认为：科技成果转化率是指已转化的科技成果占应用技术科技成果的比率。

第二种观点认为：科技成果转化率是指已转化的科技成果占全部科技成果的比率。

此外，从管理角度，也有部分管理人员和学者直观地认为科技成果转化率是指科技成果占全部研究课题的比率，这是第三种观点。

其中，第二种观点认为海洋科技成果包括基础研究和软科学研究成果，而事实上，海洋领域的大多数基础研究成果和部分软科学研究成果并不能直接应用于生产实际；第三种观点中涉及的两个数据来自两套不同的海洋统计数据，分别为海洋科技统计数据和海洋科技成果统计数据，由于两套数据的统计源不一致，测算结果不能正确地反映实际情况；而相对来说，第一种观点的支持者较多。

因此，本报告建议采用第一种观点，对海洋科技成果转化率进行定义，如下：

海洋科技成果转化率是指一定时期内涉海单位进行自我转化或转化生产，处于投入应用或生产状态，并达到成熟应用的海洋科技成果占全部海洋科技应用技术成果的百分率。

根据该定义，可构建海洋科技成果转化率标准公式如下：

$$海洋科技成果转化率 = \frac{成熟应用的海洋科技成果}{全部海洋科技应用技术成果} \times 100\%$$

基于海洋科技成果统计数据，运用海洋科技成果转化率标准公式进行计算，可得出2000—2013年我国海洋科技成果转化率约为49.18%。

附录七　涉海高等学校清单（含涉海比例系数）

1. 教育部直属高等学校

北京大学（根据北京大学的涉海专业数占专业总数的比例确定涉海比例系数：0.0932，下同）、清华大学（0.0256）、北京师范大学（0.1373）、中国地质大学（北京）（0.2381）、天津大学（0.0877）、大连理工大学（0.0886）、上海交通大学（0.0484）、南京大学（0.1163）、河海大学（0.9020）、浙江大学（0.1102）、厦门大学（0.0707）、中国海洋大学（0.8462）、武汉大学（0.0645）、中国地质大学（武汉）（0.2258）、中山大学（0.1280）、同济大学（0.0859）、华东师范大学（0.0789）、华中科技大学（0.0566）、华南理工大学（0.0490）。

2. 工业和信息化部直属高等学校

哈尔滨工业大学（0.0462）。

3. 交通运输部直属高等学校

大连海事大学（0.9348）。

4. 地方高等学校

上海海洋大学（0.3191）、广东海洋大学（0.2200）、大连海洋大学（0.9545）、浙江海洋学院（0.8913）、宁波大学（0.1935）、集美大学（0.2388）、南京信息工程大学（0.2759）。

附录八 涉海学科清单（教育部学科分类）

附表4 涉海学科清单（教育部学科分类）

代 码	学科名称	说 明
140	**物理学**	
14020	声学	
1402050	水声和海洋声学	原名为"水声学"
1403064	海洋光学	
170	**地球科学**	
17050	地质学	
1705077	石油与天然气地质学	含天然气水合物地质学
17060	海洋科学	
1706010	海洋物理学	
1706015	海洋化学	
1706020	海洋地球物理学	
1706025	海洋气象学	
1706030	海洋地质学	
1706035	物理海洋学	
1706040	海洋生物学	
1706045	海洋地理学和河口海岸学	原名为"河口、海岸学"
1706050	海洋调查与监测	
	海洋工程	见41630
	海洋测绘学	见42050
1706061	遥感海洋学	亦名卫星海洋学
1706065	海洋生态学	
1706070	环境海洋学	
1706075	海洋资源学	

续附表4

代 码	学 科 名 称	说 明
1706080	极地科学	
1706099	海洋科学其他学科	
240	**水产学**	
24010	水产学基础学科	
2401010	水产化学	
2401020	水产地理学	
2401030	水产生物学	
2401033	水产遗传育种学	
2401036	水产动物医学	
2401040	水域生态学	
2401099	水产学基础学科其他学科	
24015	水产增殖学	
24020	水产养殖学	
24025	水产饲料学	
24030	水产保护学	
24035	捕捞学	
24040	水产品贮藏与加工	
24045	水产工程学	
24050	水产资源学	
24055	水产经济学	
24099	水产学其他学科	
340	**军事医学与特种医学**	
34020	特种医学	
3402020	潜水医学	
3402030	航海医学	

代码	学科名称	说明
413	**信息与系统科学相关工程与技术**	
41330	信息技术系统性应用	
4133030	海洋信息技术	
416	**自然科学相关工程与技术**	
41630	海洋工程与技术	代码原为57050，原名为"海洋工程"
4163010	海洋工程结构与施工	代码原为5705010
4163015	海底矿产开发	代码原为5705020
4163020	海水资源利用	代码原为5705030
4163025	海洋环境工程	代码原为5705040
4163030	海岸工程	
4163035	近海工程	
4163040	深海工程	
4163045	海洋资源开发利用技术	包括海洋矿产资源、海水资源、海洋生物、海洋能开发技术等
4163050	海洋观测预报技术	包括海洋水下技术、海洋观测技术、海洋遥感技术、海洋预报预测技术等
4163055	海洋环境保护技术	
4163099	海洋工程与技术其他学科	代码原为5705099
420	**测绘科学技术**	
42050	海洋测绘	
4205010	海洋大地测量	
4205015	海洋重力测量	
4205020	海洋磁力测量	
4205025	海洋跃层测量	
4205030	海洋声速测量	
4205035	海道测量	
4205040	海底地形测量	

续附表4

代 码	学科名称	说 明
4205045	海图制图	
4205050	海洋工程测量	
4205099	海洋测绘其他学科	
480	**能源科学技术**	
48060	一次能源	
4806020	石油、天然气能	
4806030	水能	包括海洋能等
4806040	风能	
4806085	天然气水合物能	
490	**核科学技术**	
49050	核动力工程技术	
4905010	舰船核动力	
570	**水利工程**	
57010	水利工程基础学科	
5701020	河流与海岸动力学	
580	**交通运输工程**	
58040	水路运输	
5804010	航海技术与装备工程	原名为"航海学"
5804020	船舶通信与导航工程	原名为"导航建筑物与航标工程"
5804030	航道工程	
5804040	港口工程	
5804080	海事技术与装备工程	
58050	船舶、舰船工程	
610	**环境科学技术及资源科学技术**	
61020	环境学	
6102020	水体环境学	包括海洋环境学

续附表4

代码	学科名称	说明
620	**安全科学技术**	
62010	安全科学技术基础学科	
6201030	灾害学	包括灾害物理、灾害化学、灾害毒理等
780	**考古学**	
78060	专门考古	
7806070	水下考古	
790	**经济学**	
79049	资源经济学	
7904910	海洋资源经济学	
830	**军事学**	
83030	战役学	
8303020	海军战役学	
83035	战术学	
8303530	海军战术学	

编制说明

为响应国家海洋创新战略，服务国家创新体系建设，受国家海洋局科学技术司委托，国家海洋局第一海洋研究所自2006年起着手开展海洋创新指标的测算工作，并于2013年正式启动国家海洋创新指数的研究工作。《国家海洋创新指数试评估报告2014》是相关系列报告的第二期。现将有关情况说明如下。

1. 需求分析

创新驱动发展已经成为我国的国家发展战略，《中共中央关于全面深化改革若干重大问题的决定》明确提出要"建设国家创新体系"。海洋创新是建设创新型国家的关键领域，也是国家创新体系的重要组成部分。探索构建国家海洋创新指数，评估我国国家海洋创新能力，对海洋强国的建设意义重大。《国家海洋创新指数试评估报告2014》编制的必要性主要表现在以下四个方面：

（1）全面摸清我国海洋创新家底的迫切需要

搜集海洋经济统计、科技统计和科技成果登记等海洋创新数据，全面摸清我国海洋创新家底，是客观分析我国国家海洋创新能力的基础。

（2）深入把握我国海洋创新发展趋势的客观需要

从海洋创新环境、海洋创新投入、海洋创新产出和海洋创新绩效四个方面，挖掘分析海洋创新数据，深入把握我国海洋创新发展趋势，是认清我国海洋创新路径与方式的必要前提。

（3）准确测算我国海洋创新重要指标的实际需要

对海洋科技进步贡献率、海洋科技成果转化率等海洋创新重要指标进行测算和预测，切实反映我国海洋创新的质量和效率，为我国海洋创新政策的制定提供系列重要指标支撑。

（4）全面了解国际海洋创新发展态势的现实需要

从海洋科学论文的发表机构、影响程度等方面分析国际海洋创新在科学研究层面上的发展态势，从海洋专利的申请机构、技术布局和保护策略等方面分析国际海

洋创新在技术研发层面上的发展态势，全面了解国际海洋创新发展态势，为我国海洋创新发展提供参考。

2. 编制依据

（1）十八大报告

十八大报告将"进入创新型国家行列"作为全面建成小康社会和全面深化改革开放的目标，提出要"实施创新驱动发展战略"，并指出"科技创新是提高社会生产力和综合国力的战略支撑"，要"促进创新资源高效配置和综合集成，把全社会智慧和力量凝聚到创新发展上来"。

（2）十八届五中全会报告

十八届五中全会报告指出，"必须把创新摆在国家发展全局的核心位置，不断推进理论创新、制度创新、科技创新、文化创新等各方面创新，让创新贯穿党和国家一切工作，让创新在全社会蔚然成风"。

（3）推动共建丝绸之路经济带和21世纪海上丝绸之路的愿景与行动

《推动共建丝绸之路经济带和21世纪海上丝绸之路的愿景与行动》提出，"创新开放型经济体制机制，加大科技创新力度，形成参与和引领国际合作竞争新优势，成为'一带一路'特别是21世纪海上丝绸之路建设的排头兵和主力军"的发展思路。

（4）中共中央关于全面深化改革若干重大问题的决定

《中共中央关于全面深化改革若干重大问题的决定》明确提出要"建设国家创新体系"。

（5）海洋科技创新总体规划

《海洋科技创新总体规划》战略研究首次工作会上提出"要围绕'总体'和'创新'做好海洋战略研究"，"要认清创新路径和方式，评估好'家底'"。

（6）国家"十二五"海洋科学和技术发展规划纲要

《国家"十二五"海洋科学和技术发展规划纲要》明确提出"十二五"期间海洋科技发展的总体目标包括"自主创新能力明显增强"，"沿海区域科技创新能力显著提升，海洋科技创新体系更加完善，海洋科技对海洋经济的贡献率达到60%以上，基本形成海洋科技创新驱动海洋经济和海洋事业可持续发展的能力"。

（7）全国海洋经济发展规划纲要

《全国海洋经济发展规划纲要》提出要"逐步把我国建设成为海洋强国"。

（8）全国科技兴海规划纲要（2008—2015年）

《全国科技兴海规划纲要（2008—2015年）》，纲要明确指出要"指导和推进海洋科技成果转化与产业化，加速发展海洋产业，支撑、带动沿海地区海洋经济又好又快发展"。

（9）"十二五"国家海洋事业发展规划纲要

《"十二五"国家海洋事业发展规划纲要》指出"必须把海洋事业摆在十分重要的战略位置"，"加快发展海洋事业，努力建设海洋强国"。

（10）海洋强国建设科技支撑体系发展方案

《海洋强国建设科技支撑体系发展方案》指出，海洋强国建设科技支撑体系发展的基本目标是，"按照海洋事业发展规划的总体要求，优化海洋科技发展和科技兴海的总体布局，依托具有创新优势的现有中央和地方科研力量和科技资源"，"建设服务国家海洋强国建设目标的海洋科技支撑体系，增强科学海洋事业的能力和海洋行业的核心竞争力"。

（11）国家中长期科学和技术发展规划纲要（2006—2020年）

《国家中长期科学和技术发展规划纲要（2006—2020年）》提出，要"把提高自主创新能力作为调整经济结构、转变增长方式、提高国家竞争力的中心环节，把建设创新型国家作为面向未来的重大战略选择"，并指出科技工作的指导方针是"自主创新，重点跨越，支撑发展，引领未来"，强调要"全面推进中国特色国家创新体系建设，大幅度提高国家自主创新能力"。

（12）"十二五"科学和技术发展规划

《"十二五"科学和技术发展规划》指出"'十二五'是我国全面建设小康社会的关键时期，是提高自主创新能力、建设创新型国家的攻坚阶段"，要"充分发挥科技进步和创新对加快转变经济发展方式的重要支撑作用"。

3. 数据来源

《国家海洋创新指数试评估报告2014》所用数据来源于以下六个方面：

（1）《中国统计年鉴》；

（2）《中国海洋统计年鉴》；

（3）科技部科技统计数据；

（4）中国科学院兰州情报研究中心海洋科学论文、海洋专利等数据；

（5）海洋科技成果登记数据；

（6）《高等学校科技统计资料汇编》。

4. 编制过程

《国家海洋创新指数试评估报告2014》受国家海洋局科学技术司委托，由国家海洋局第一海洋研究所海洋政策研究中心具体组织编写；中国科学院兰州文献情报中心参与编写了涉海论文、专利和国际海洋创新发展态势等部分；科技部创新发展司、教育部科学技术司、国家海洋信息中心和华中科技大学管理学院等单位、部门提供了数据支持。具体编制过程分为前期准备阶段、数据测算与报告编制阶段、征求意见与修改阶段三个阶段，具体介绍如下。

（1）前期准备阶段

形成基本思路。2014年11月至2015年3月。国家海洋创新指数评估系列报告第一期（《国家海洋创新指数试评估报告2013》）于2014年8月成稿并报送国家海洋局主管部门，经过多次专家评审于2015年初正式出版。《国家海洋创新指数试评估报告2014》是该系列报告的第二期，该任务的申请工作于2014年11月完成。2015年初，在《国家海洋创新指数试评估报告2013》前期工作的基础上，经过多次研究讨论和交流沟通，总结归纳《国家海洋创新指数试评估报告2013》的经验和不足之处，形成《国家海洋创新指数试评估报告2014》的编制思路，编写《国家海洋创新指数试评估报告2014》具体方案，汇报国家海洋局科学技术司。

进行数据收集。2015年4月至2015年11月，持续推进涉海科研机构、高校、企业的数据收集工作。首先，前往华中科技大学科技统计信息中心，顺利获取海洋科研机构科技创新数据；其次，与中国科学院兰州文献情报中心合作，收集海洋领域

SCI论文和海洋专利等数据，已获取相关数据；第三，正式启动涉海高校科技数据的搜集工作，多次联系、咨询并前往教育部科技司沟通高等学校数据，目前已正式发函拿到第一批涉海高校和涉海学科数据，还收集了《高等学校科技统计资料汇编》相关数据，相关进展顺利。此外，初步启动涉海企业创新数据的搜集工作。

组建报告编写组与指标测算组。2015年6月，在国家海洋局科学技术司和国家海洋创新指数试评估顾问组的指导下，在《国家海洋创新指数试评估报告2013》原编写组基础上，组建《国家海洋创新指数试评估报告2014》编写组与指标测算组，具体由国家海洋局第一海洋研究所海洋政策研究中心会同中国科学院兰州文献情报中心人员组成。

（2）数据测算与报告编制阶段

数据处理与分析。2015年7月至2015年8月，对海洋科研机构科技创新数据及《中国统计年鉴》、《中国海洋统计年鉴》、《高等学校科技统计资料汇编》等来源数据，进行数据处理与分析。

数据测算。2015年8月15日至2015年8月31日，组织测算组测算海洋科技进步贡献率和海洋科技成果转化率，并根据相应的评估方法测算国家海洋创新指数和区域海洋创新指数。

报告文本初稿编写。2015年9月1日至2015年9月7日，根据数据分析结果和指标测算结果，完成报告初稿的编写。

数据第一轮复核。2015年9月8日至2015年9月14日，组织测算组进行数据第一轮复核，重点检查数据来源、数据处理过程与图表。

软件开发与调试。2015年8月20日至2015年9月20日，逐步推进国家海洋创新指标数据库管理软件、国家海洋创新指数评估软件的开发工作，完成初步版本，并进行调试。

报告文本完善。2015年9月15日至2015年9月21日，根据数据第一轮复核结果，完善报告文本。

（3）报告评审与修改完善阶段

内审及修改。2015年9月22日至2015年9月28日，组织内审，并根据内审意见修改文本。

顾问组审查。2015年9月29日至2015年10月10日，组织顾问组审查，并根据审查意见修改文本。

管理部门审查。2015年10月11日至2015年10月18日，交至国家海洋局科学技术司审查，并根据审查意见修改文本。

计算过程复核。2015年10月1日至2015年10月20日，组织测算组进行计算过程的认真复核，重点检查计算过程的公式、参数和结果准确性，并根据复核结果完善文本。

出版社预审。2015年10月11日至2015年10月18日，提交文本纸质版给海洋出版社编辑部进行预审。

数据第二轮复核。2015年10月21日至2015年10月25日，运用国家海洋创新指标数据库管理软件和国家海洋创新指数评估软件，进行整体数据的第三轮复核。旨在通过系统化的数据管理和软件测算，减小处理数据过程中存在人工误差的可能性，并根据复核结果进一步完善文本。

专家送审。2015年10月26日至2015年11月5日。组织进行专家送审，并根据送审反馈意见修改文本。

软件最终调试与封装。2015年9月20日至2015年10月30日，完成国家海洋创新指标数据库管理软件、国家海洋创新指数评估软件的最终测试，向国家知识产权局申请以上两个软件的软件著作权，逐步推进软件封装和运行界面美化等后续工作。

集中修改并形成正式文本。2015年11月5日至2015年11月15日。与中国科学院兰州文献情报中心共同组成集中编写组，国家海洋局第一海洋研究所负责全文的最终修改，中国科学院兰州文献情报中心则集中修改第五章"国际海洋创新发展态势分析"。形成正式文本。

5. 意见与建议吸收情况

共征求意见40多人次。经汇总，收到意见和建议约500多条。

根据反馈的意见和建议，共吸收意见和建议200多条。反馈意见和建议吸收率约为49%。

更新说明

1. 新增了部分章节和内容

（1）新增了"前言"部分。进一步阐述海洋创新的重要意义，并对整体内容进行概括介绍。

（2）第二章第四节新增了"高等学校海洋创新发展良好"一节内容。首次对涉海高等院校创新发展情况进行说明。

（3）第四章新增了第一节"从沿海省（市）看我国区域海洋创新发展"和第二节"从五个经济区看我国区域海洋创新发展"两节内容，并将原内容调至第三节。

（4）新增了第五部分"国际海洋创新发展态势分析"。该部分由中国科学院兰州文献情报中心负责具体编写，从四个角度对国际海洋创新发展态势进行了全面的分析。

（5）新增了附录七"涉海高等学校清单（含涉海比例系数）"。用于涉海高等学校数据搜集与处理。

（6）新增了附录八"涉海学科清单"。主要用于涉海学科数据的搜集与处理。

（7）新增"编制说明"。此次新增的编制说明是《国家海洋创新指数试评估报告2013》的重要改进，其源于专家的反馈意见，旨在回答读者阅读时可能想要了解的一些问题。编制说明从"需求分析、编制依据、数据来源、编制过程"四个方面阐述《国家海洋创新指数试评估报告2014》的编制意义和编制依据，一一介绍了评估数据的具体来源，系统梳理并详细介绍了2014年以来该报告的具体编制过程。

（8）新增"更新说明"部分，从"新增了部分章节及内容、新增并更新了国内和国际数据、优化了数据处理过程、扩大了评估范围和区域、完善了部分章节内容"五个方面详细说明本报告与《国家海洋创新试评估报告2013》相比的改进之处，具体包括"新增了第五章 国际海洋创新发展态势分析"、"第二章第四节 高等学校海洋创新发展良好"等19处更新。

2. 新增并更新了国内和国际数据

（9）新增国际涉海专利数据。用于海洋创新产出成果部分的分析，以及国内外海洋创新的专利方面的比较分析。

（10）新增国际涉海创新论文数据。用于海洋创新产出成果部分的分析，以及用于国内外海洋创新的论文方面的比较分析。

（11）新增教育部涉海高校科技统计数据内容。用于对涉海高校和涉海学科进行分析。

（12）更新了国内数据。国家海洋创新评估指标所用原始数据更新至2013年，区域海洋创新指数评估指标更新为2013年数据。

3. 优化了数据处理过程

（13）构建海洋创新指标数据库。针对数据多源性和处理过程的复杂性，整合多源数据，并构建海洋创新指标数据库（包含国家和区域两个子库）直接管理原始数据，易于数据提取、复核和应用。

（14）开发海洋创新指数评估软件。结合海洋创新指标数据库、海洋创新指数构建方式和评估方法，开发海洋创新指数评估软件，包含国家和区域两个模块，分别用于国家海洋创新指数和区域海洋创新指数的评估，以简化指标处理和优化评估过程。

4. 扩大了评估范围和区域

（15）评估范围扩大。正文部分增加了第五部分"国际海洋创新发展态势分析"后，将评估的范围扩大至全球。不仅增加了"国际海洋领域研究热点前沿态势"分析的内容，还增加了"国际海洋领域专利技术研发态势"分析的内容，而且针对国际海洋领域论文和专利两个方面分别进行了我国与国际海洋国家的对比态势分析。

（16）评估区域种类增多。第四部分增加了"从沿海省（市）看我国区域海洋创新发展"和"从五个经济区看我国区域海洋创新发展"两节内容，评估范围扩展到沿海各省市以及环渤海经济区、长江三角洲经济区、海峡西岸经济区、珠江三角洲经济区和环北部湾经济区等五个海洋经济区，使评估区域的划分多样化，从多个不同角度来评价区域海洋创新发展。

5. 完善了部分章节内容

（17）完善方法说明。针对国家海洋创新评估和区域海洋创新评估，进一步完善了方法说明，详细介绍了数据处理方法和评估测算过程，重点完善了对归一化方法的说明和解释。

（18）完善第一部分内容。从多个角度用不同的数据分析国家海洋创新的发展和进步。

（19）完善涉海专利和涉海论文内容。在第一部分和第五部分都加强了涉海专利和涉海论文方面内容。